全国中等职业学校机械类专业通用

全国技工院校机械类专业通用（中级技能层级）

机械制图（第八版）习题册参考答案

果连成　主编

中国劳动社会保障出版社

简 介

本参考答案是全国中等职业学校机械类专业通用教材/全国技工院校机械类专业通用教材（中级技能层级）《机械制图（第八版）习题册》的配套用书，作为教师教学参考用书。

本参考答案由果连成任主编，伦秀丽、李庆美、孙喜兵、鲁德海参加编写，崔兆华任主审。

图书在版编目（CIP）数据

机械制图（第八版）习题册参考答案/果连成主编. -- 北京：中国劳动社会保障出版社，2022

全国中等职业学校机械类专业通用 全国技工院校机械类专业通用. 中级技能层级

ISBN 978-7-5167-5526-6

Ⅰ. ①机… Ⅱ. ①果… Ⅲ. ①机械制图-中等专业学校-习题集 Ⅳ. ①TH126-44

中国版本图书馆 CIP 数据核字(2022)第 161671 号

中国劳动社会保障出版社出版发行

（北京市惠新东街 1 号 邮政编码：100029）

*

北京宏伟双华印刷有限公司印刷装订 新华书店经销

787 毫米×1092 毫米 16 开本 8 印张 165 千字

2022 年 11 月第 1 版 2022 年 11 月第 1 次印刷

定价：21.00 元

营销中心电话：400-606-6496

出版社网址：http://www.class.com.cn

http://jg.class.com.cn

目　录

习题册填空、选择、简答题答案

2－2（习题册 13 页，按横向顺序）

⑪⑫②　③⑤⑩　④⑨⑥　⑧⑦①

2－14（习题册 25 页，按横向顺序）

⑨①⑦③　⑥⑩②⑤　④⑪⑧⑫

3－5（习题册 32 页）

1. ⑤⑥③　2. ①bE　②cH　③gG　④aF　⑤hD　⑥dB　⑦fC　⑧ eA

3－11（习题册 38 页）

1.（　）（　）　2.（　）（　）　3.（　）（　）　4.（ √ ）（　）
（ √ ）（　）　（　）（ √ ）　（ √ ）（　）　（　）（　）

5－14（习题册 63 页）

2. 圆柱，水平，后，上　3. 正平，正垂，前，下　4. 圆柱，正平，后，上

6－8（习题册 80 页）

1.（　）（　）（　）（ √ ）　2.（　）（　）（　）（ √ ）
3.（　）（　）（ √ ）（　）　4.（　）（　）（ √ ）（　）

6－10（习题册 82 页）

1.（　）（　）（ √ ）　2.（ √ ）（　）（　）　3.（ √ ）（　）（　）　4.（　）（　）（ √ ）

6－16（习题册 88 页）

1.（　）（ √ ）（　）　2.（ √ ）（　）（　）　3.（ √ ）（　）（　）

6－19（习题册 91 页）

1. （ ）（ √ ） 2. （ √ ）（ ） 3. （ ）（ ）
（ ）（ ） （ ）（ ） （ ）（ √ ）

8－3（习题册 110 页）

（ √ ）（ √ ）（ √ ）（ × ）（ √ ）

***8－8**（习题册 115 页）

2. ϕ20 mm，圆柱度，0.005 mm，ϕ20 mm，径向圆跳动，0.01 mm 3. ϕ50h7，ϕ30h6，径向圆跳动，0.03 mm 4. 直齿圆柱，端，ϕ25H8 孔，轴向圆跳动，0.03 mm 5. 对称中心线，ϕ55H7，对称度，0.1 mm

8－9（习题册 116 页）

1. 6，螺栓 2. 全剖视，密封槽，台阶孔，局部视，对称，局部放大 3. 径向，轴向，ϕ80f8，定位尺寸

8－10（习题册 117 页）

1. 1，2，轴承，V 带轮，铣刀盘 2. 主视，局部剖视，简化，深，宽，局部视，退刀槽 3. 径向，ϕ28k7，ϕ35k6，ϕ25h6，轴向，23 mm，95 mm，$194_{-0.046}^{\ 0}$ mm，$32_{-0.021}^{\ 0}$ mm，4 mm，400 mm，55 mm，7 mm，95 mm，开口环 4. 配合，1.6 μm，0.8 μm，同轴度，ϕ0.06 mm

8－11（续）（习题册 119 页）

1. 外径，端盖，减轻，长方，4，加工面，通槽 2. 全剖视，局部剖视，位置关系，螺孔，局部视，沉孔 3. 底面，端面，对称面，高度，轴承，定形，沉孔 4. 6 个螺孔，M6—7H，深度，底孔深度，均布

8－12（习题册 120 页）

（1）图形，尺寸，技术要求，标题栏 （2）基准，直接注出，封闭尺寸链，加工，测量 （3）算术，*Ra*，*Rz* （4）变动，公称尺寸，公差带，上、下极限，公差带，配合 （5）间隙，过渡，过盈，基孔制，基轴制 （6）IT，20，IT01

(7) 基准孔，H，零，公称尺寸，基准轴，h，零，公称尺寸　　(8) ϕ30 mm，8，7，f，间隙　　(9) ϕ35 mm，7，s　(10) ϕ40 mm，7，K

8－14（习题册 124 页）

1.（1）4，局部，主视，俯视，局部视，断面　　(2) 公称，孔的公差带，基本偏差标示符，公差等级　　(3) 长圆，6.3 μm　(4) ϕ35H8 ($^{+0.039}_{0}$) 孔，垂直度，ϕ0.015 mm　　(5) 去除材料，高，算术平均

9－3（续）（习题册 135 页）

1.（1）4，手柄，阀门　　(2) 7，2　　(3) Rp3/8，特征，55°密封管螺纹的圆柱内，尺寸　　(4) 安装，50 mm，36 mm　(5) 压填料和保证阀门密封

10－1（习题册 137 页）

1.（1）钢直尺　　(2) 游标卡尺，两个相对 ϕ7 mm 圆底，两个相对 ϕ7 mm 圆顶　　(3) 螺纹塞规，牙型，螺距，游标卡尺，小，线数，旋向，标准值

11－1（习题册 141 页）

1. 环绕工件周围，角焊缝，4 mm　　2. 相同，5 mm，焊条电弧焊　　3. 双面焊缝，单边 V 形焊缝，30°，2 mm，3 mm，5 mm　　4. 双面角焊缝，5 mm，3，角焊缝，12 mm，8 mm

11－2（习题册 142 页）

1. 答：点焊。

2. 答："21" 表示焊接方法是点焊。"○" 表示点焊缝。

3. 答："2" 表示熔核直径。起始焊点中心至板边的间距是 5 mm。

第一章　制图基本知识与技能

1－4　尺寸标注练习（一）（需标数值从图中量取，取整数）

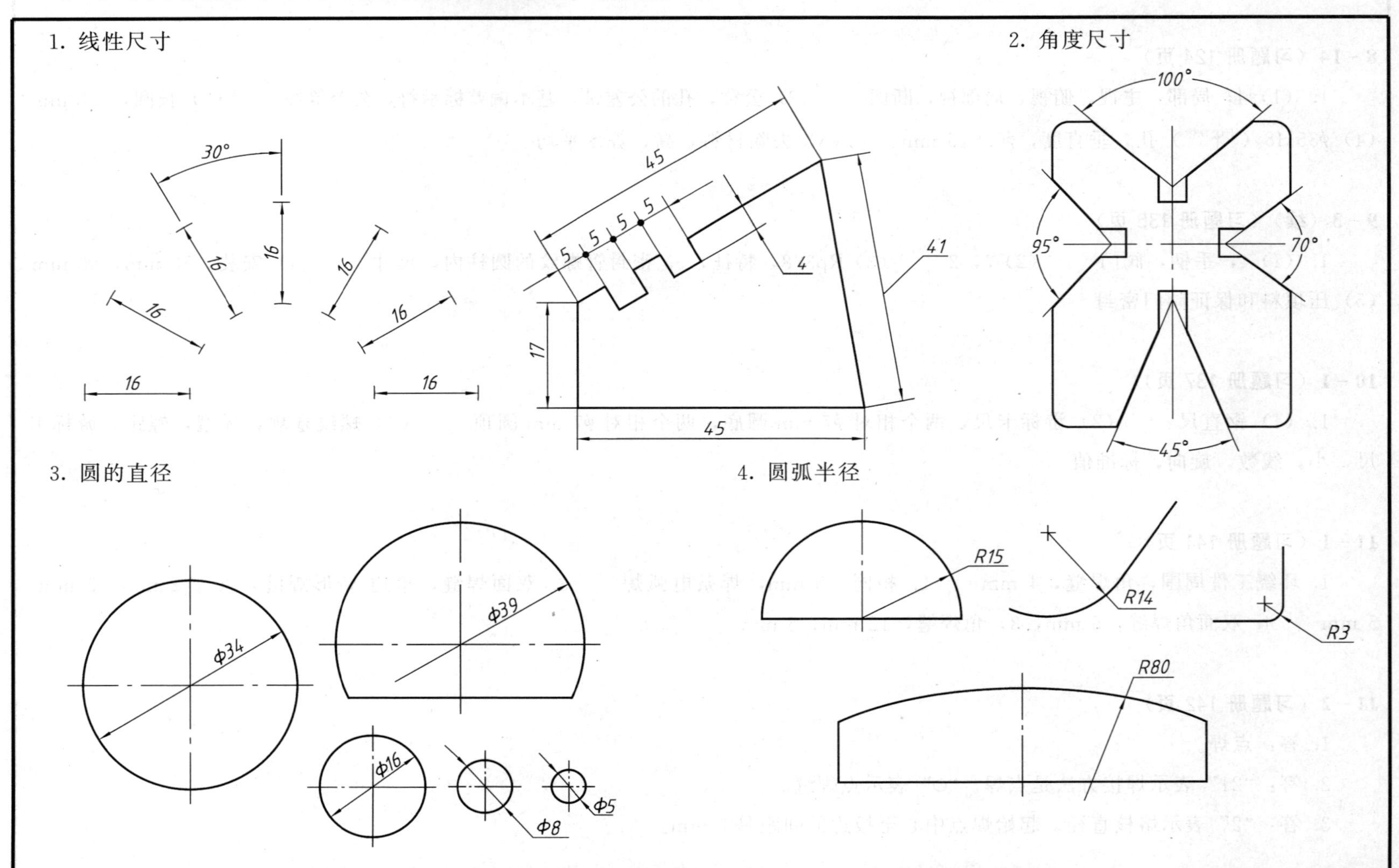

（习题册第 4 页）

1－5　尺寸标注练习（二）

1. 分析下图中尺寸标注的错误，在右图上正确标注尺寸

2. 在不同比例的图中标注图形尺寸

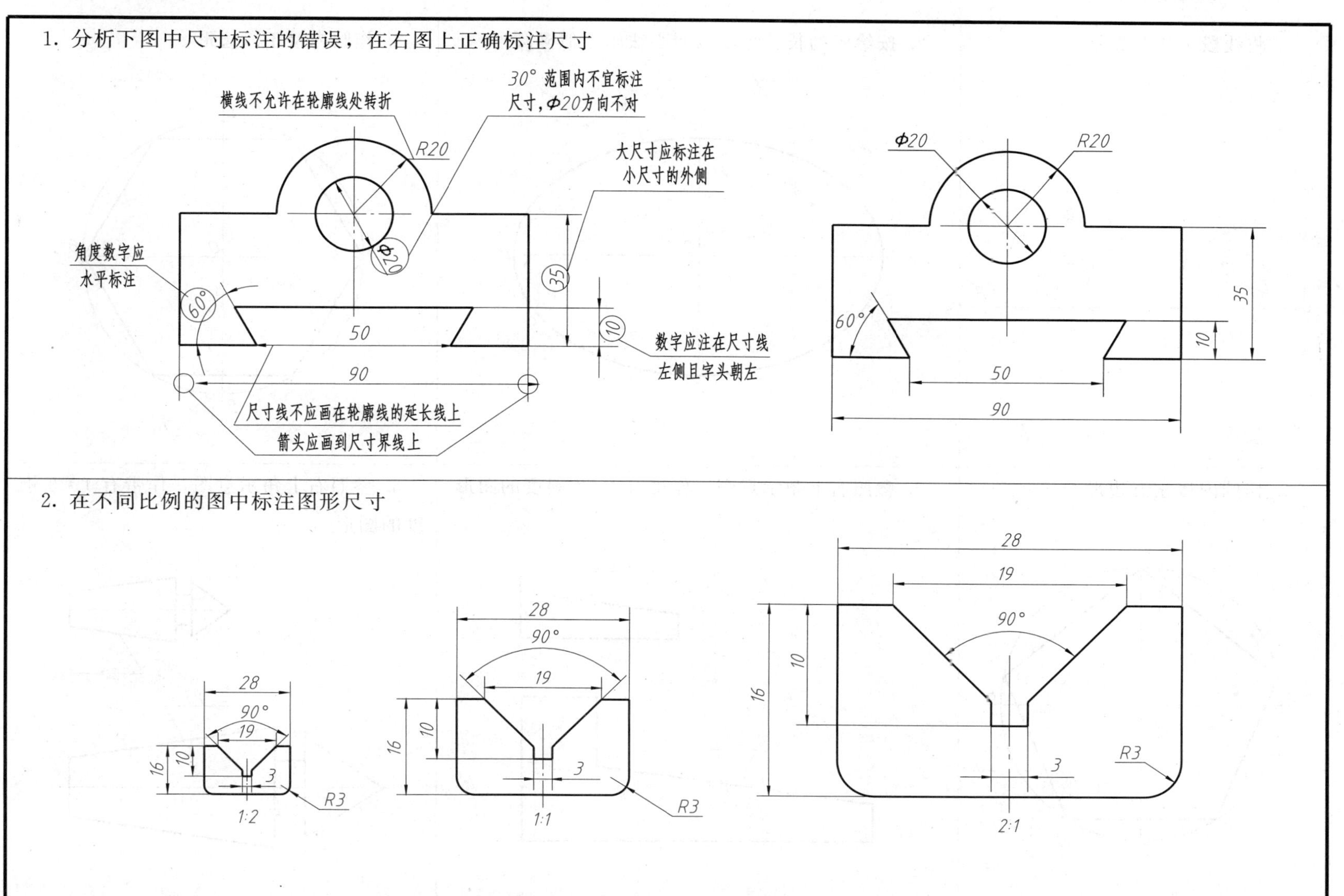

1-6 基本作图练习

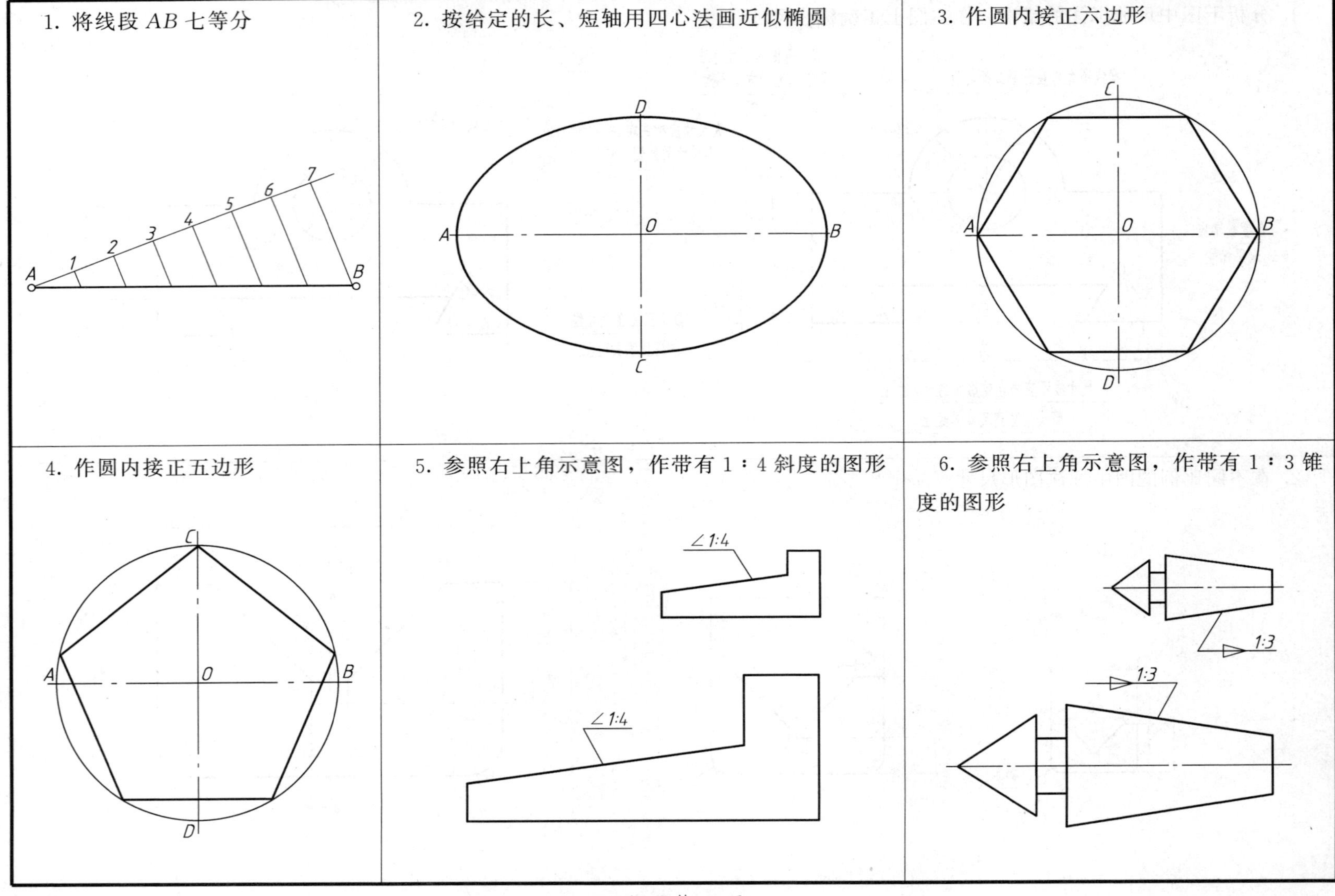

（习题册第 6 页）

1－7　参照图例用给定的尺寸作圆弧连接（标出切点，保留作图线）

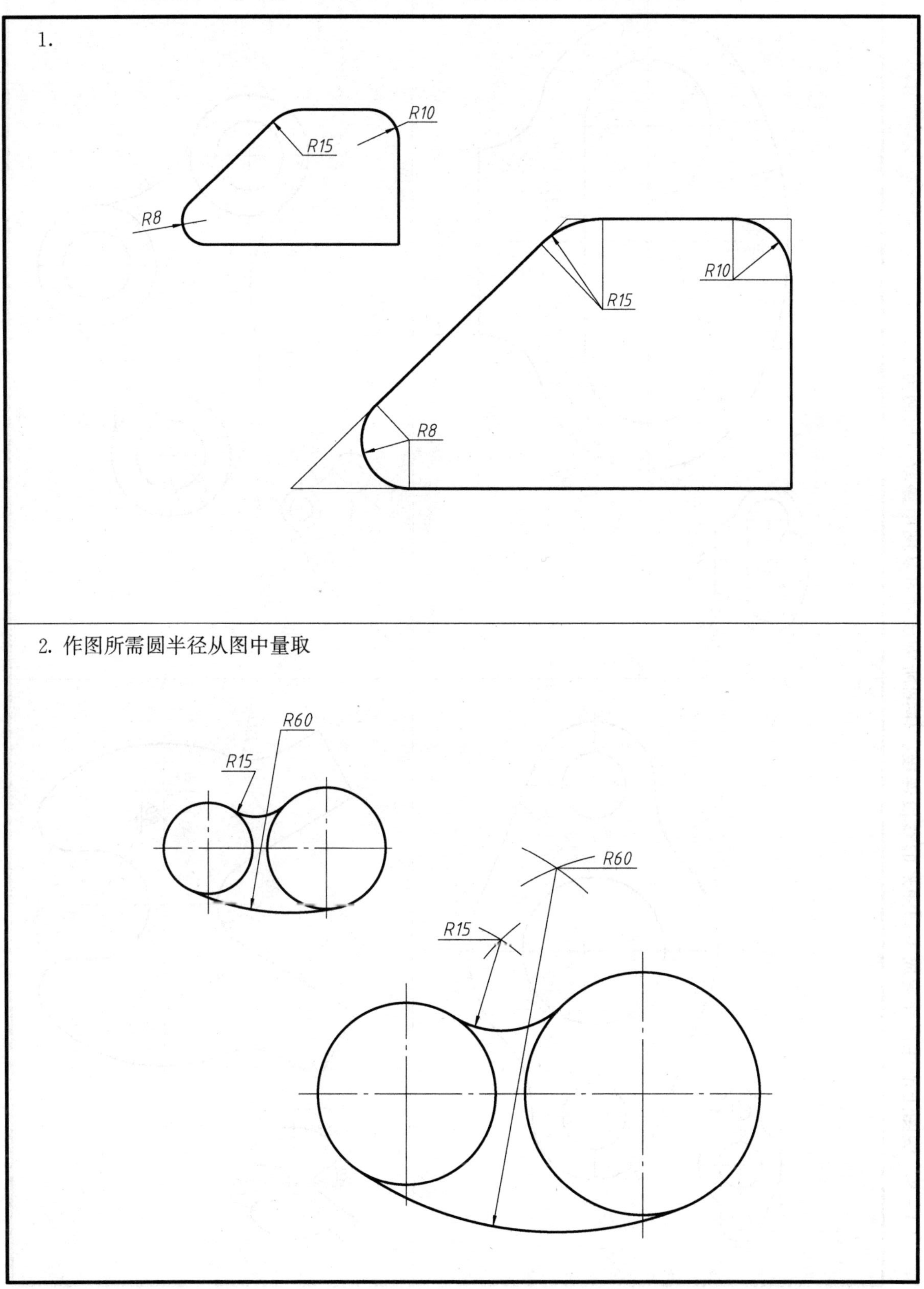

*1－8　按图上所注尺寸完成下列图形的线段连接，作图所需尺寸可从图中量取（比例为 1∶1）

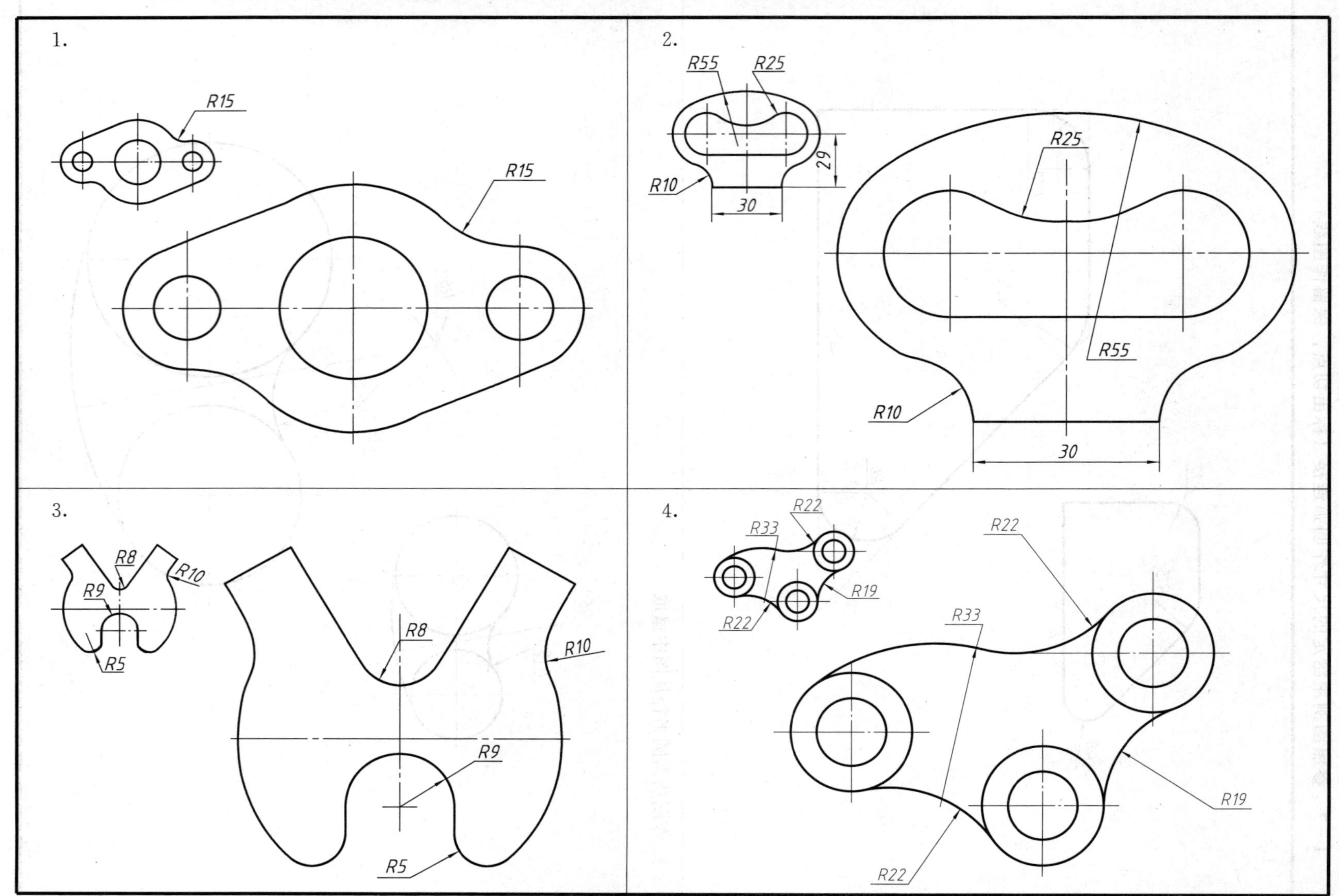

1. 填空题（每空 2 分，共 40 分）

（1）5，297 mm×210 mm

（2）2，2∶1

（3）右下角，看图

（4）缩小，放大，50

（5）高度，毫米，长仿宋

（6）尺寸界线，尺寸线，尺寸数字，上方，左方，最后完工

（7）一致，圆锥

2. 指出图中标注尺寸的错误，在右侧位置按 1∶1 的比例抄画图形，并正确标注尺寸（30 分）

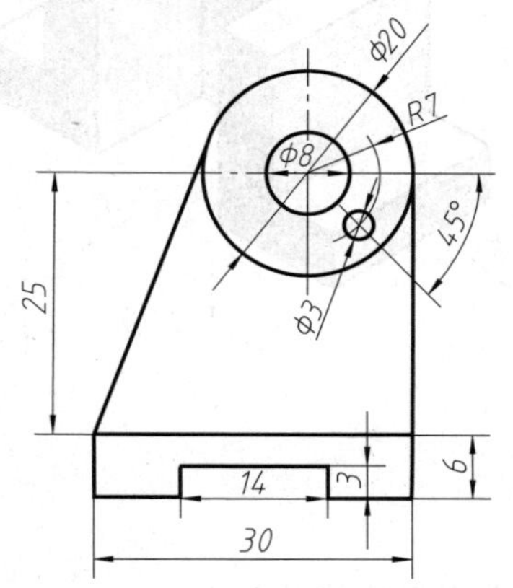

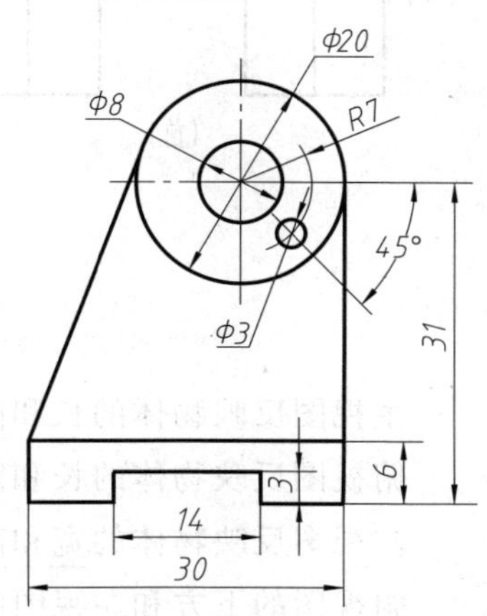

3. 按 1∶1 的比例完成下图的线段连接，并标注全部尺寸（未知尺寸从图中量取，取整数）（30 分）

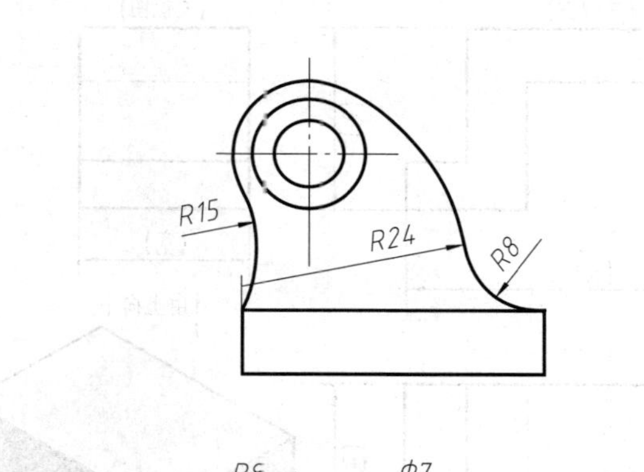

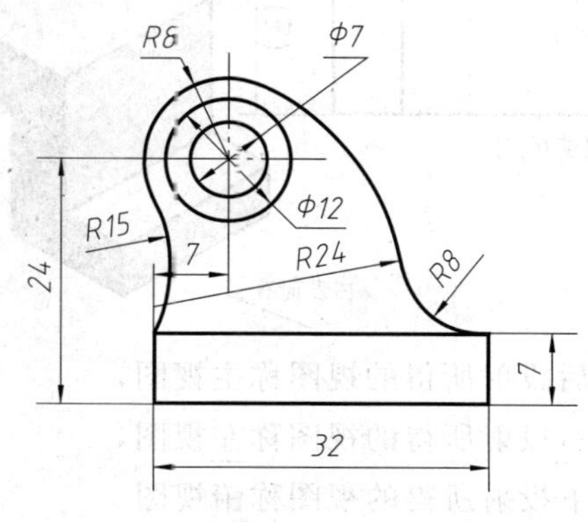

第二章　正投影作图基础

2－1　三视图的投影关系和方位关系

1. 在三视图中填写视图名称，并在尺寸线上的括号中选填“长”“宽”“高”

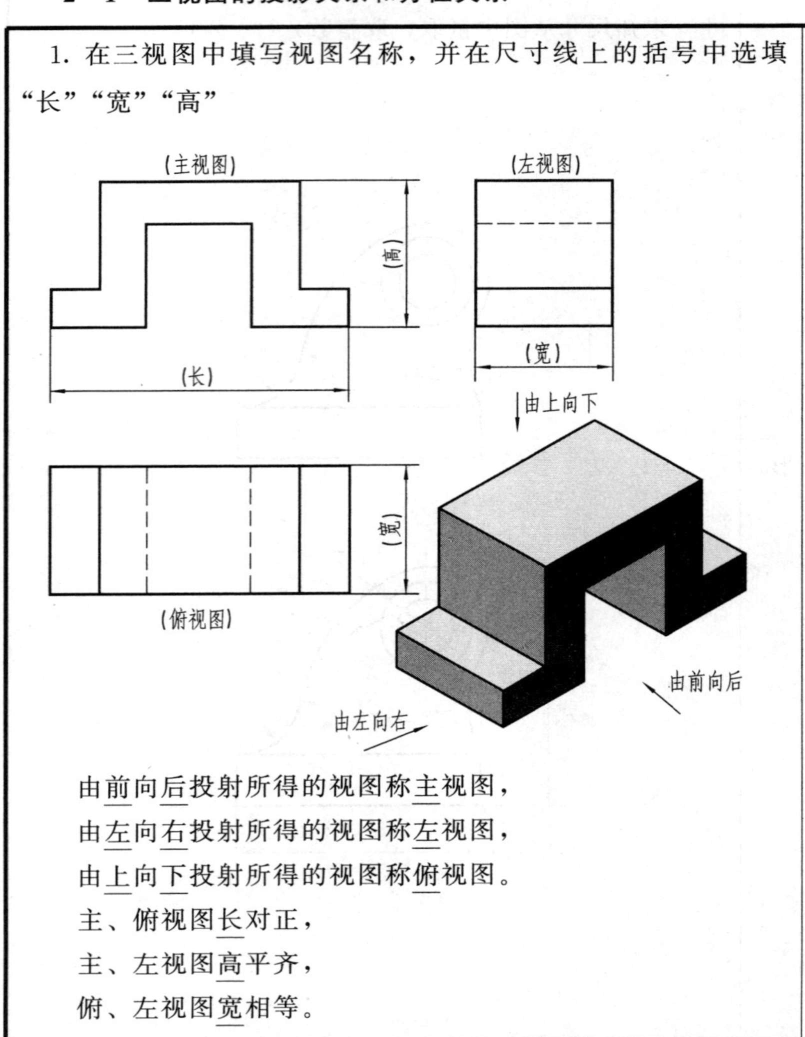

由前向后投射所得的视图称主视图，
由左向右投射所得的视图称左视图，
由上向下投射所得的视图称俯视图。
主、俯视图长对正，
主、左视图高平齐，
俯、左视图宽相等。

2. 在俯视图和左视图的括号中填写“上”“下”“左”“右”“前”“后”

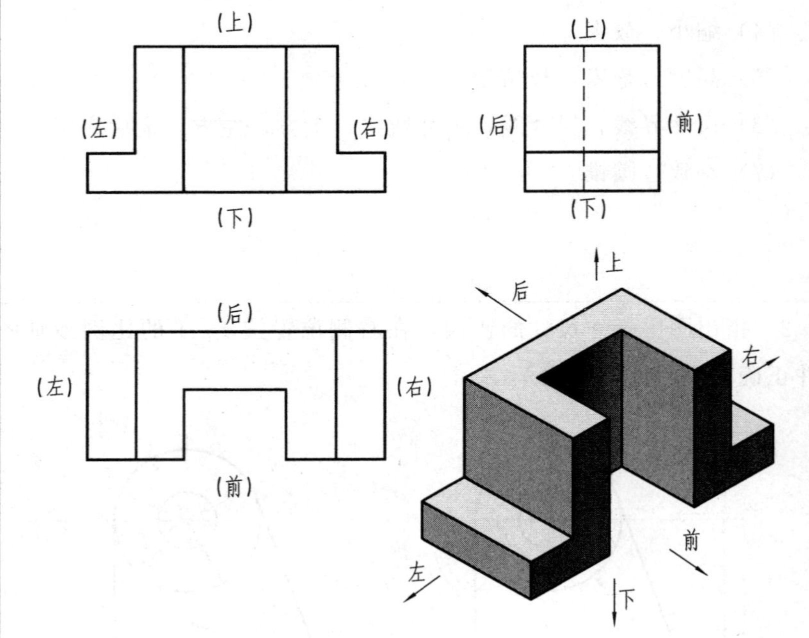

主视图反映物体的长和高，
俯视图反映物体的长和宽，
左视图反映物体的宽和高。
俯视图的下方和左视图的右方表示物体的前方，
俯视图的上方和左视图的左方表示物体的后方。

（习题册第 12 页）

2－3　参照立体图，补画三视图中漏画的图线，并填空

1. 在立体图上标出题中所示平面的字母

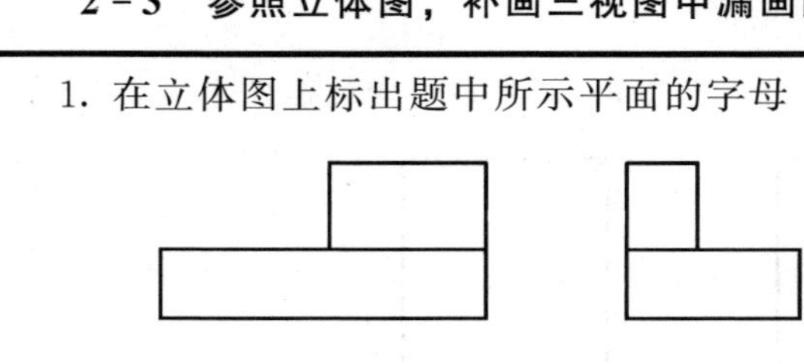

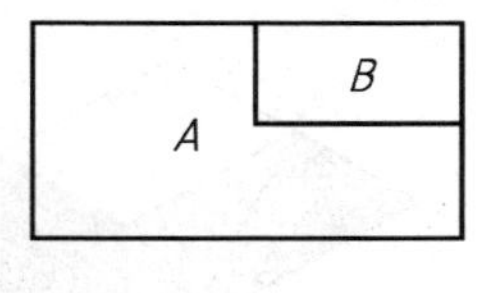

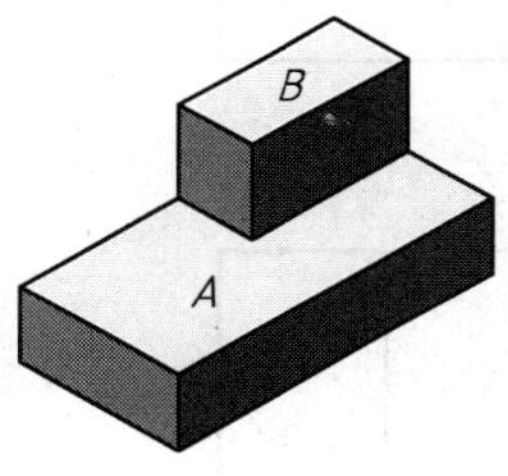

比较俯视图中两个平面的上、下位置：

A 面在下，*B* 面在上。

2. 在立体图上标出题中所示平面的字母

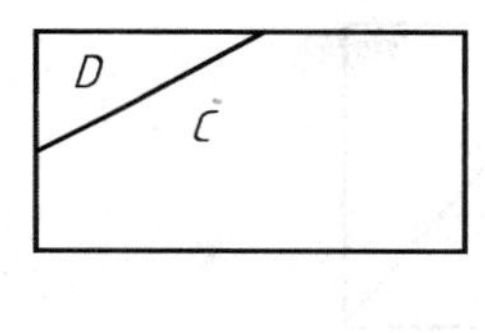

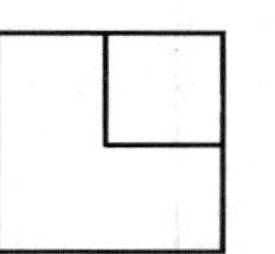

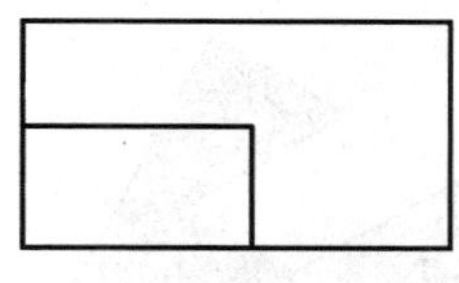

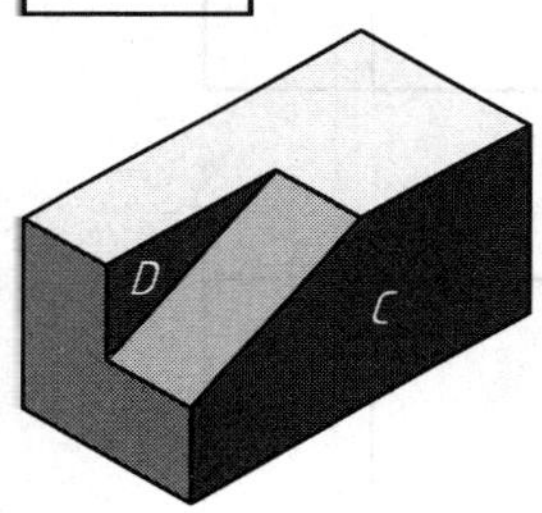

比较主视图中两个平面的前、后位置：

C 面在前，*D* 面在后。

3. 在立体图上标出题中所示平面的字母

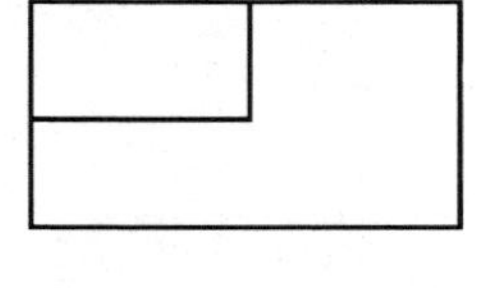

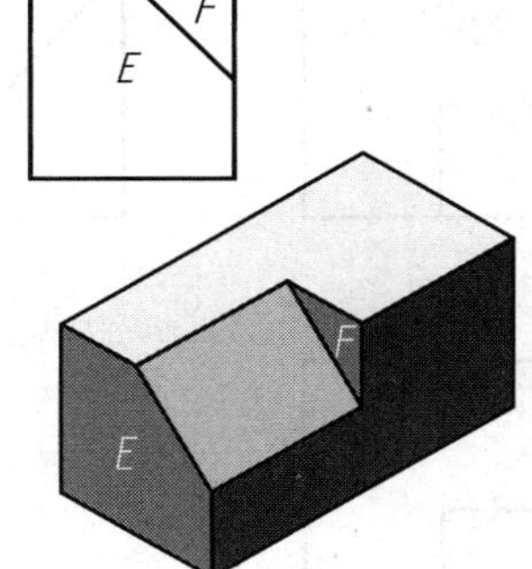

比较左视图中两个平面的左、右位置：

E 面在左，*F* 面在右。

4. 在主视图上标出 *A*、*B*、*C* 三个平面的字母

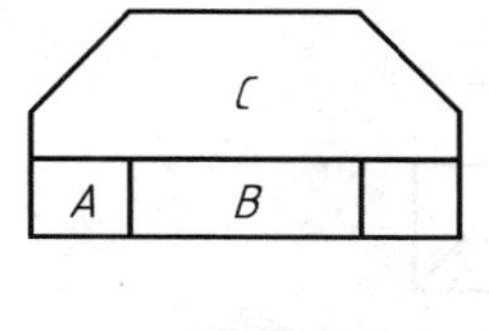

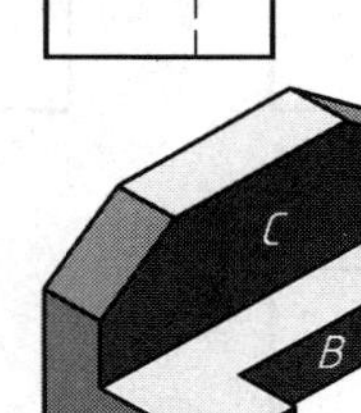

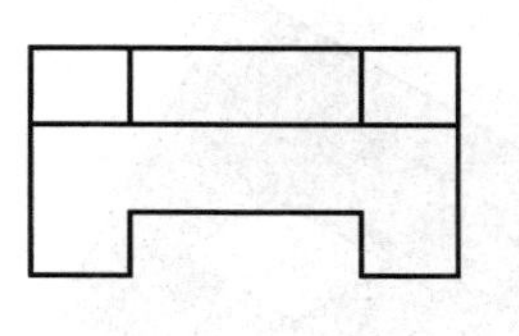

比较 *A*、*B*、*C* 三个平面的前、后位置：

A 面在 *B* 面之前，*C* 面在 *B* 面之后。

2－4　参照立体图，补画三视图中漏画的图线

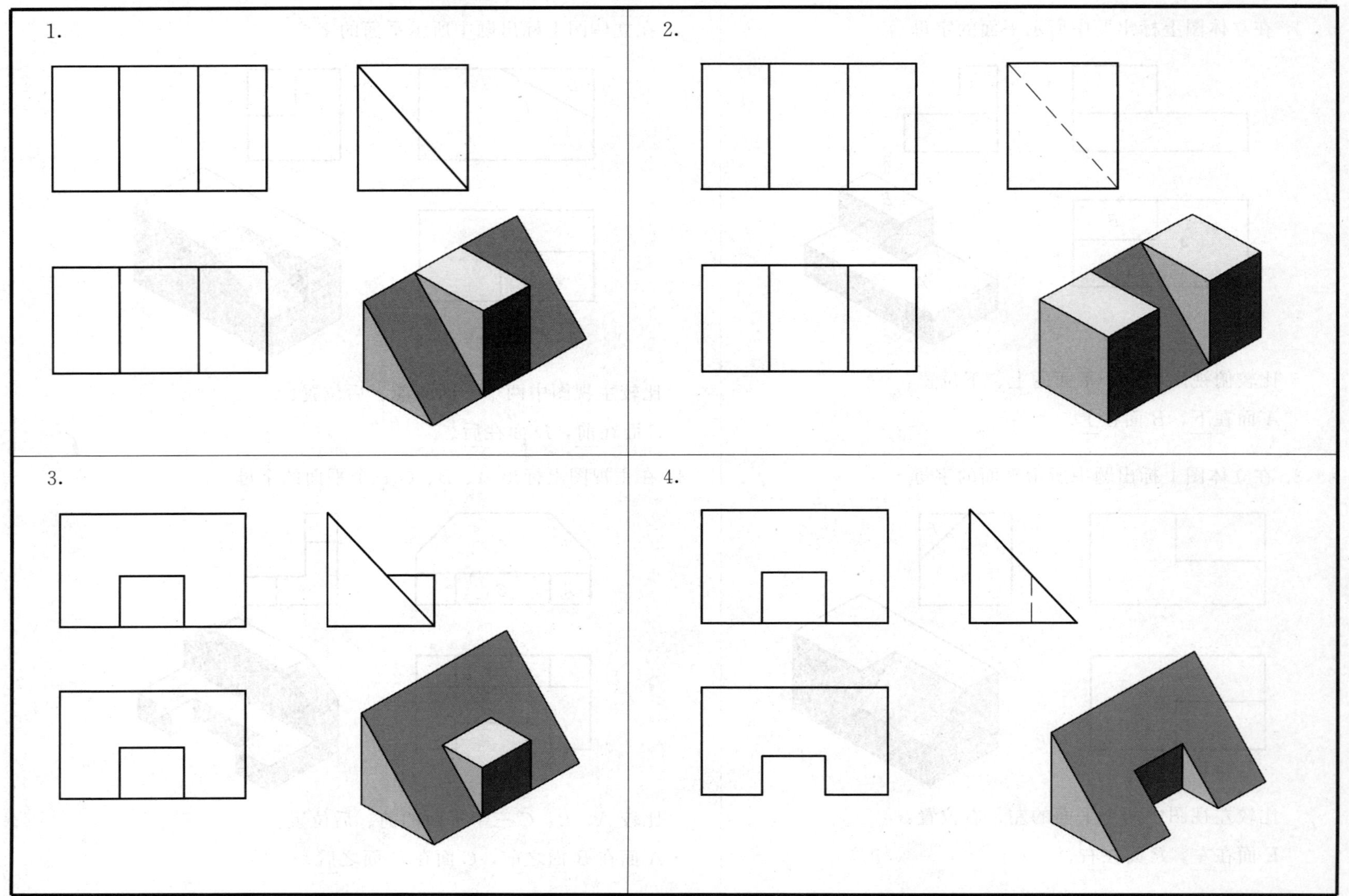

（习题册第 *15* 页）

2－5　根据立体图，辨认其相应的两视图（将编号写在立体图下括号内），并补画第三视图

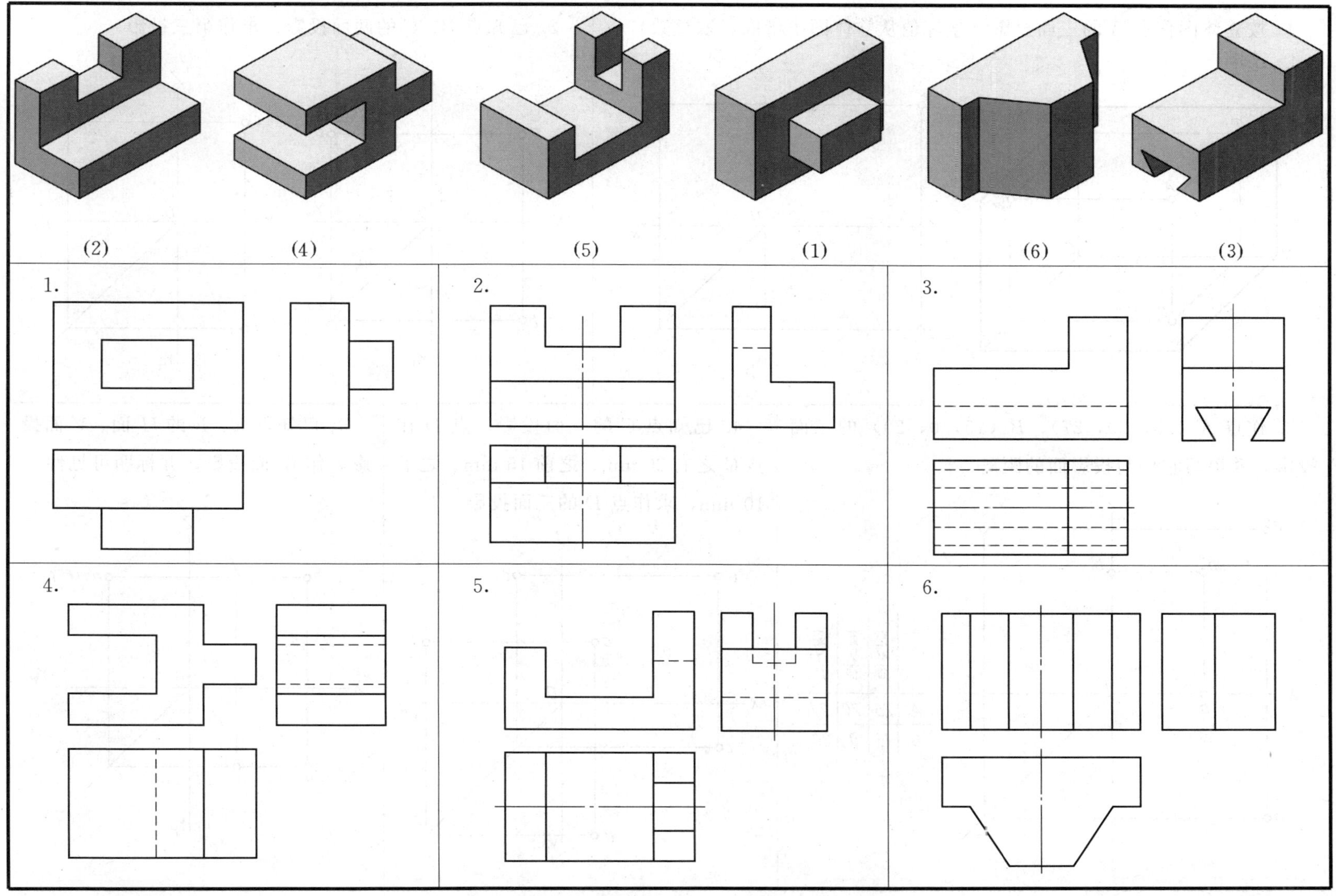

（习题册第 *16* 页）

2－6　点的投影（一）

1. 按立体图作点 A 的三面投影（坐标值从立体图中量取，取整数）

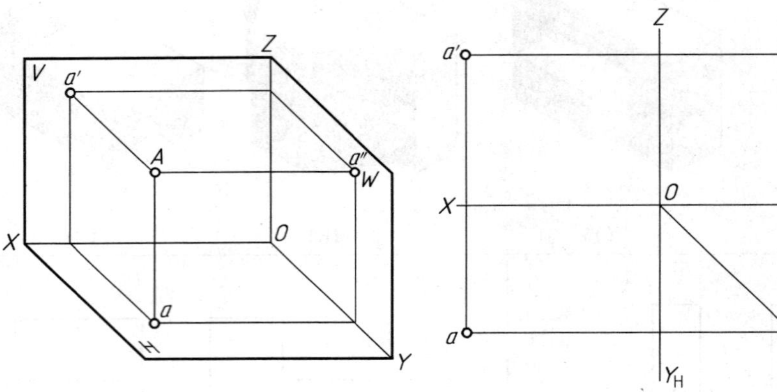

2. 已知点 B、C 的两面投影，求作第三投影

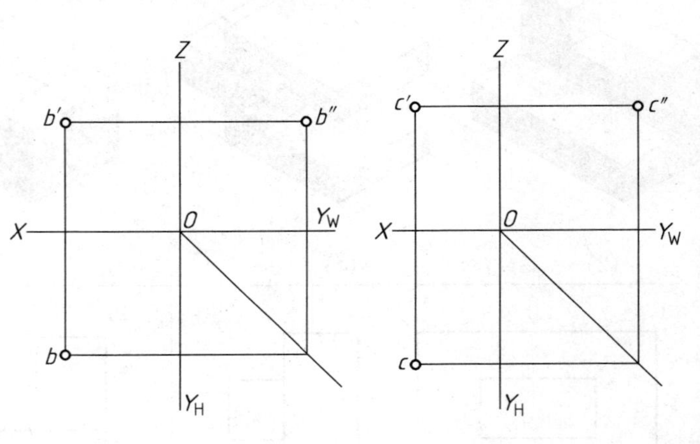

3. 作点 A（25，20，27）、B（15，0，20）的三面投影，并填写它们与投影面的距离

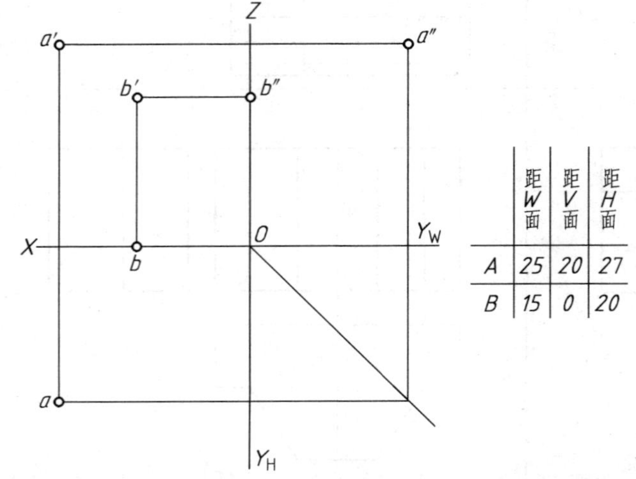

	距W面	距V面	距H面
A	25	20	27
B	15	0	20

4. 已知点 C 的三面投影，点 D 在点 C 之右 20 mm、之前 15 mm、之下 10 mm，求作点 D 的三面投影

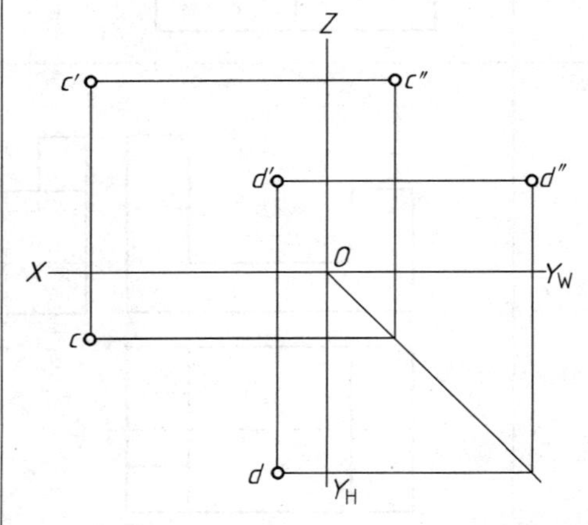

5. 已知点 E、F 的 H 面、V 面投影，作 W 面投影，并标明可见性

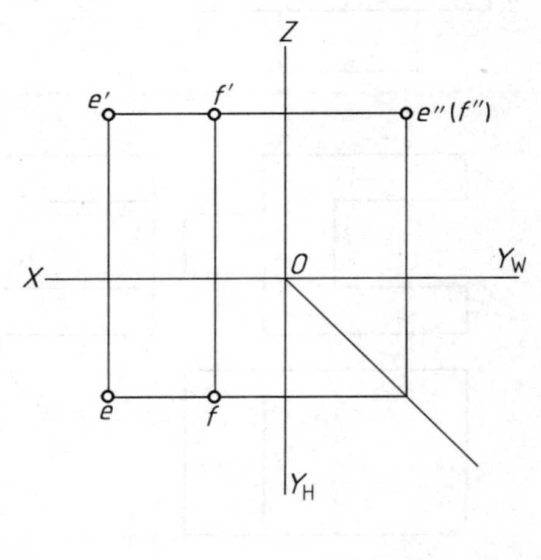

（习题册第 17 页）

1. 已知物体的两视图，参照立体图补画第三视图，并填空

（1）在投影图上标出点 A、B 的三面投影；（2）、（3）在立体图上标出点 C、D 和 E、F 的位置

（1）

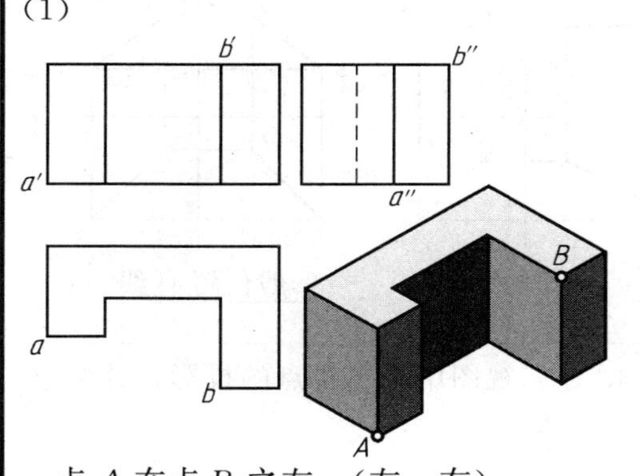

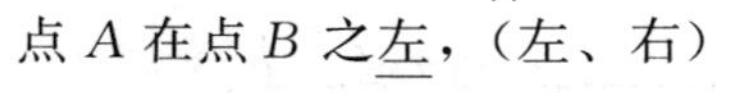

点 A 在点 B 之<u>左</u>，（左、右）

点 A 在点 B 之<u>后</u>。（前、后）

（2）

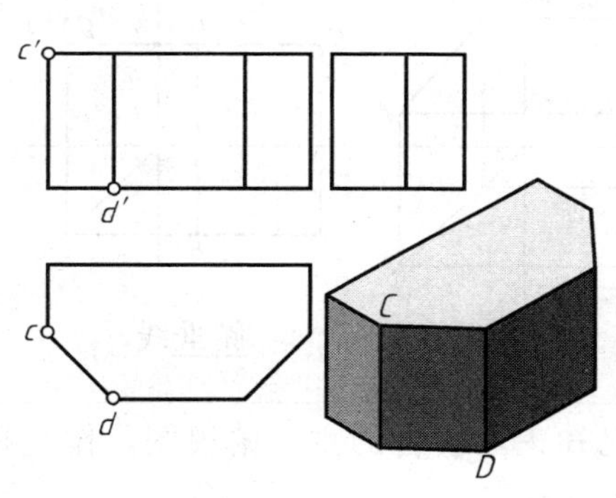

点 C 在点 D 之<u>上</u>，（上、下）

点 C 在点 D 之<u>后</u>。（前、后）

（3）

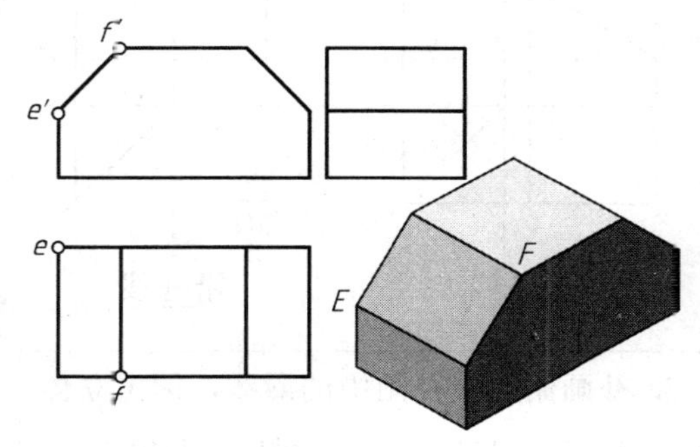

点 E 在点 F 之<u>左</u>，（左、右）

点 E 在点 F 之<u>后</u>。（前、后）

2. 已知平面体上点 A、B、C、D 的两面投影，标出它们的侧面投影，并在立体图上标出其位置

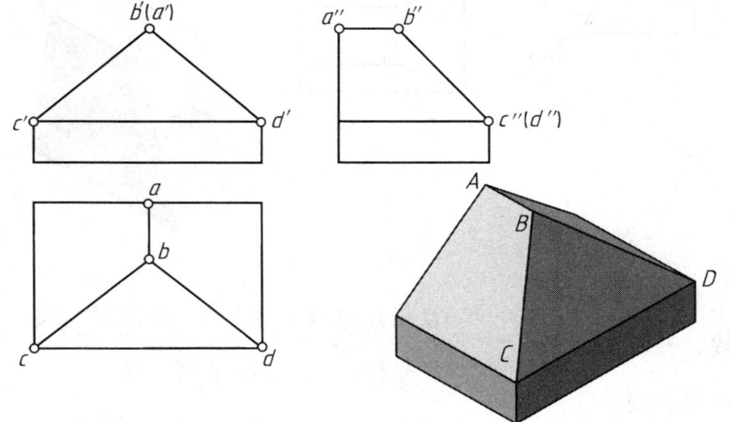

*3. 三棱锥的底面在 H 面上，已知四个顶点的 H 面投影 s、a、b、c，锥高为 20 mm，作出三棱锥的三面投影

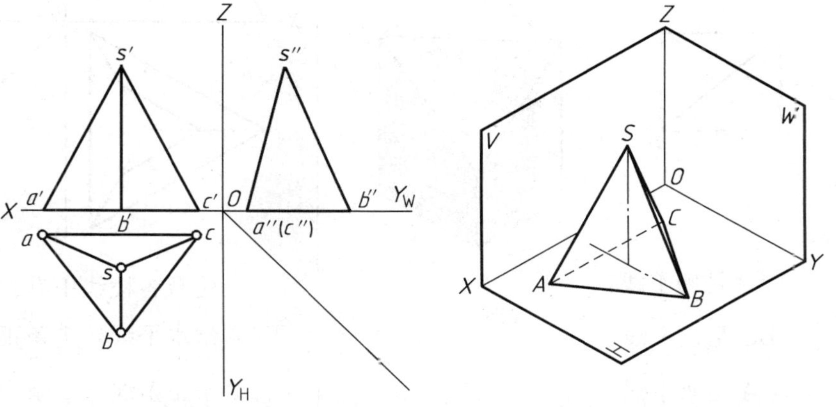

2－8　直线的投影（一）

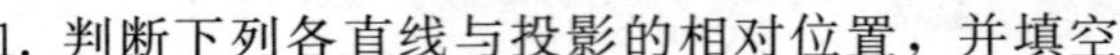

1. 判断下列各直线与投影的相对位置，并填空

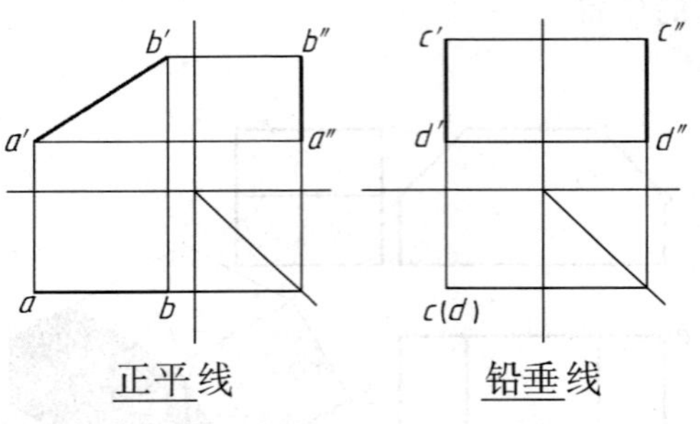

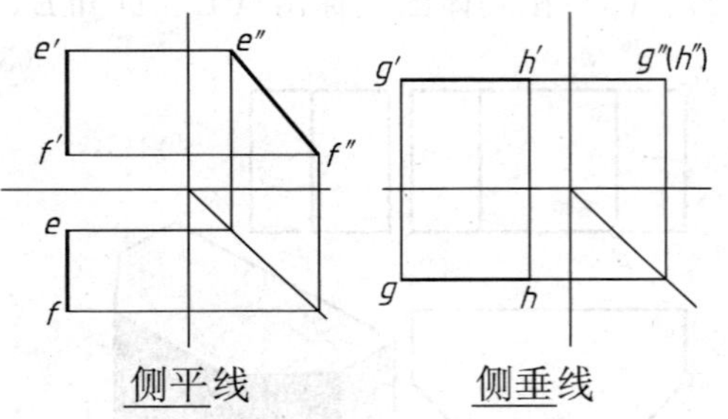

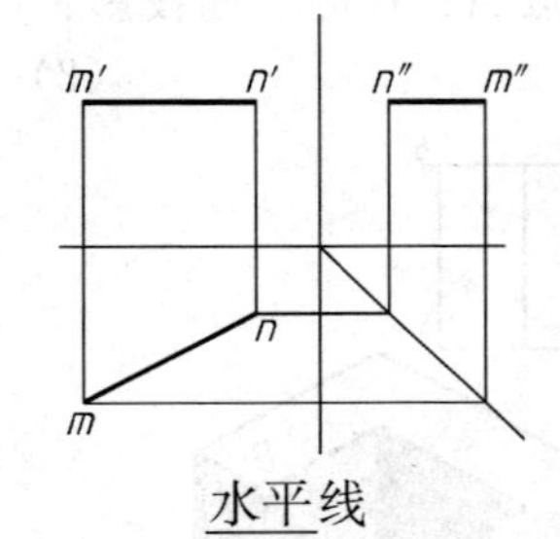

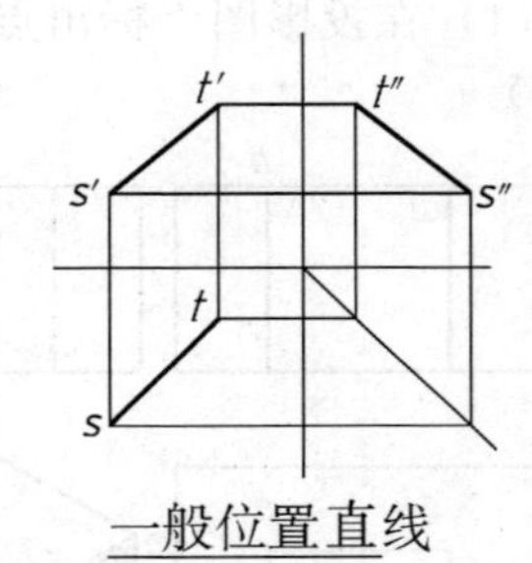

正平线　　铅垂线　　侧平线　　侧垂线　　水平线　　一般位置直线

2. 补画俯、左视图中的漏线，标出立体图上 A、B、C 三点的三面投影，并填空

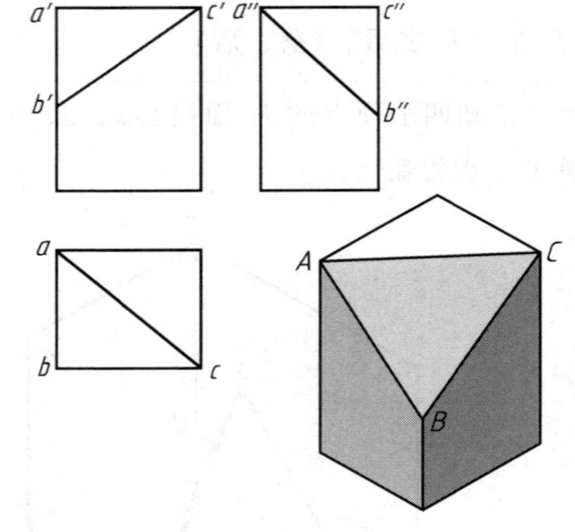

AB 是侧平线，

BC 是正平线，

CA 是水平线。

3. 已知正三棱台的主、俯视图，作左视图，并填空

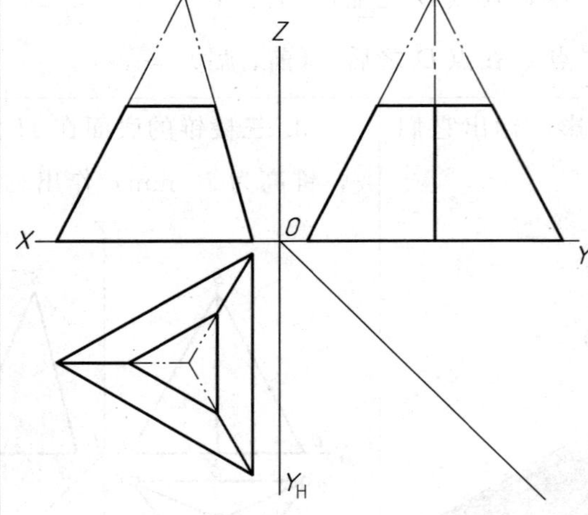

三棱台各棱线中有：

6 条水平线，1 条正平线，

2 条正垂线，2 条一般位置直线。

4. 在三视图中标出各点的投影，并填空

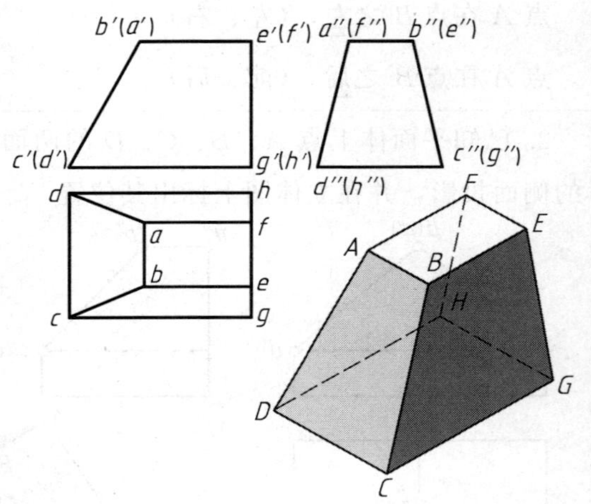

AB 是正垂线，BC 是一般位置直线，

BE 是侧垂线，EG 是侧平线。

（习题册第 19 页）

1. 求作直线 AB、CD 的三面投影，点 B 距 H 面 15 mm，点 C 距 V 面 5 mm

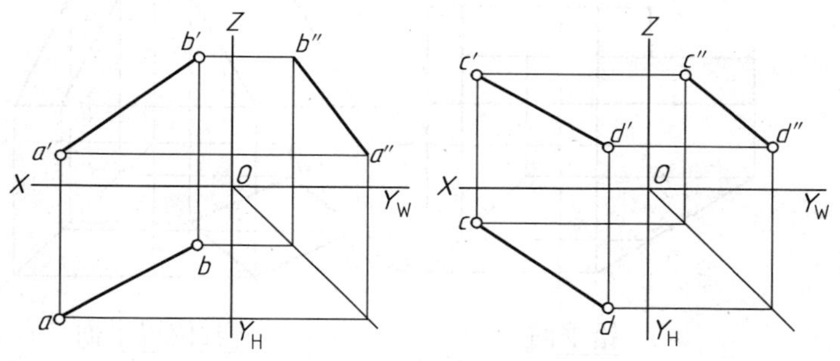

2. 由已知点作直线的三面投影。作铅垂线 $AB=10$ mm，作正平线 $CD=13$ mm，$\alpha=30°$

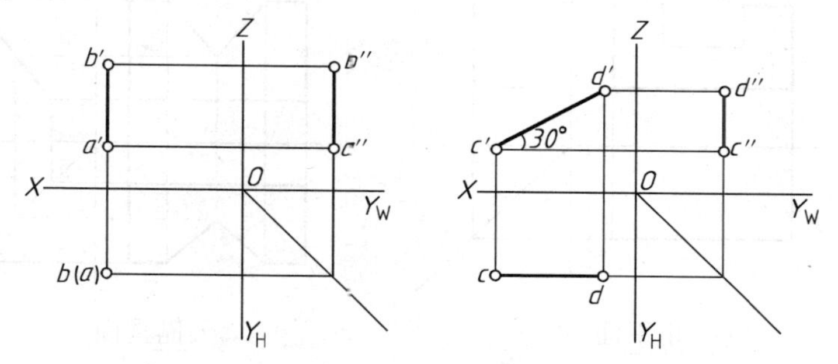

*3. 补画俯视图中的漏线，标出直线 AC、BC、CD 的三面投影，并填空

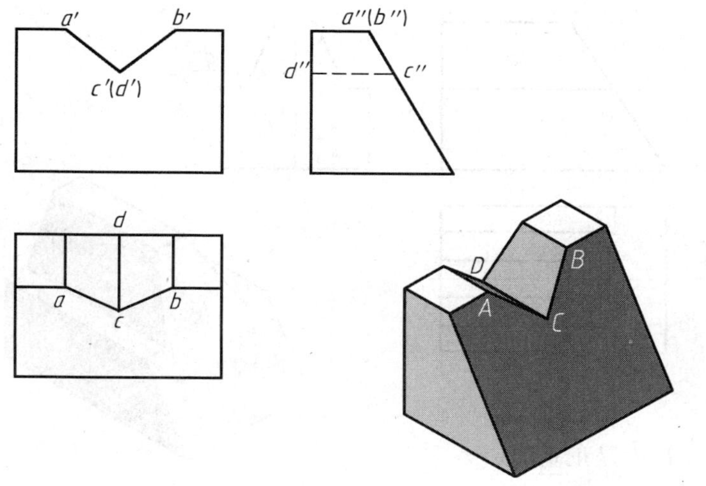

AC 是一般位置直线，CD 是正垂线。

*4. 补画俯、左视图中的漏线，标出直线 AB、CD、BD、BE 的三面投影，并填空

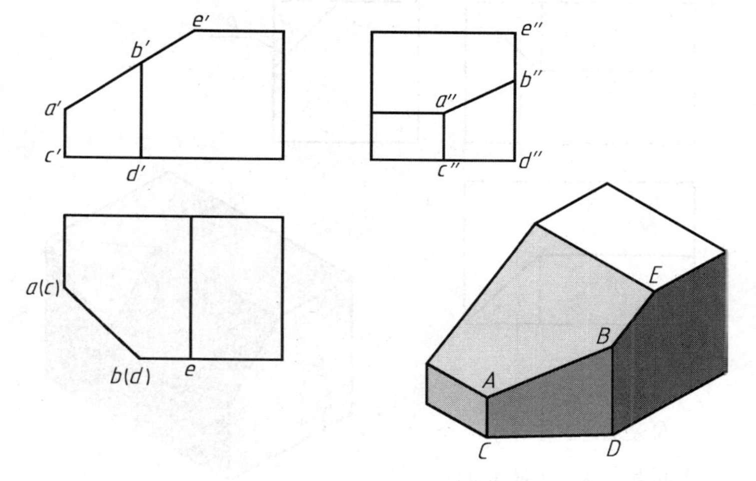

AB 是一般位置直线，BE 是正平线，BD 是铅垂线。

（习题册第 20 页）

2－10　平面的投影（一）

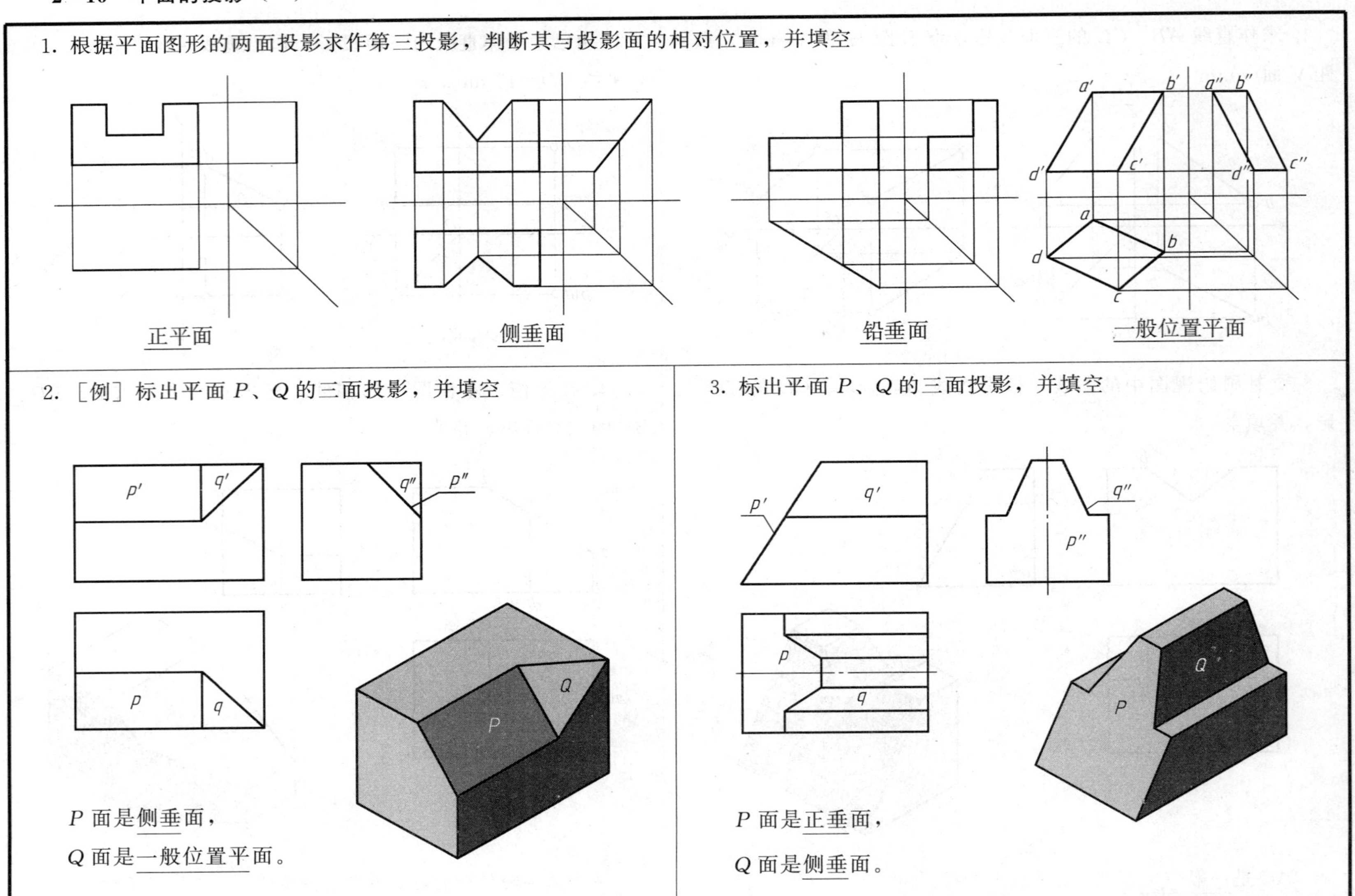

（习题册第 21 页）

2-11 平面的投影（二）

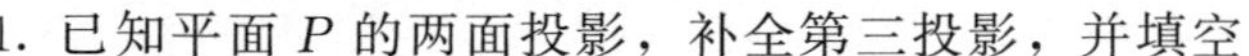

1. 已知平面 P 的两面投影，补全第三投影，并填空

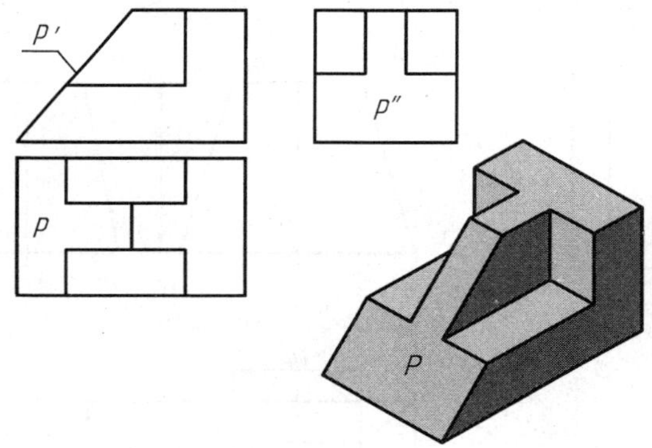

P 是正垂面。

2. 标出平面 P、Q 的另两面投影，并填空

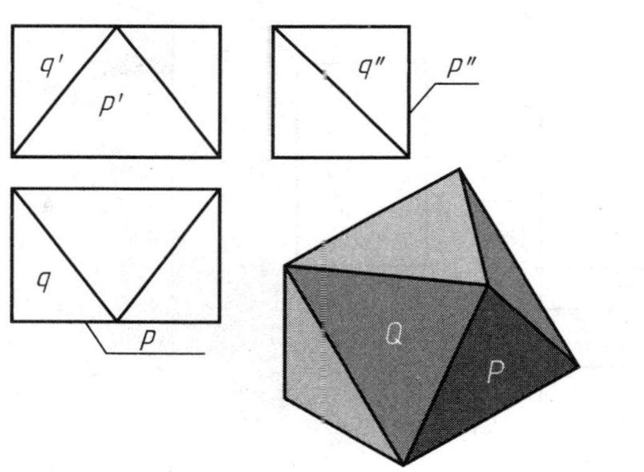

P 是正平面，Q 是一般位置平面。

3. 对照立体图，在三视图上将平面 P 的三面投影用粗线描

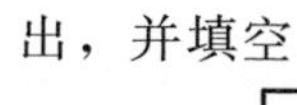

出，并填空

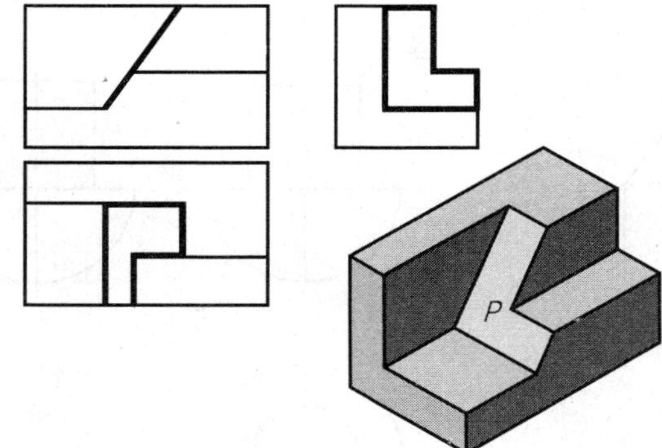

P 是正垂面。

*4. 补画俯视图中的漏线，标出平面 M、N 的投影，并填空

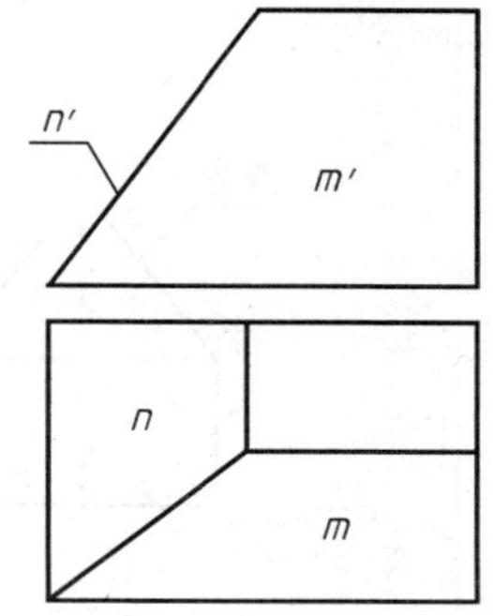

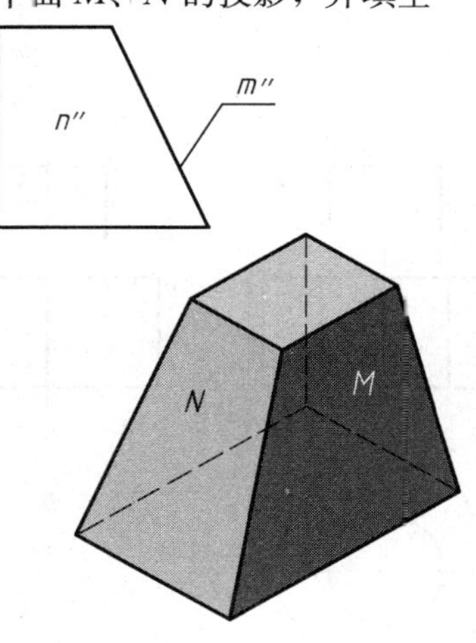

该物体表面有：

2 个水平面，1 个侧平面。

M 是侧垂面，N 是正垂面。

（习题册第 22 页）

2-12 根据基本体的两视图补画第三视图，并写出基本体的名称（1、2、3题标注尺寸）

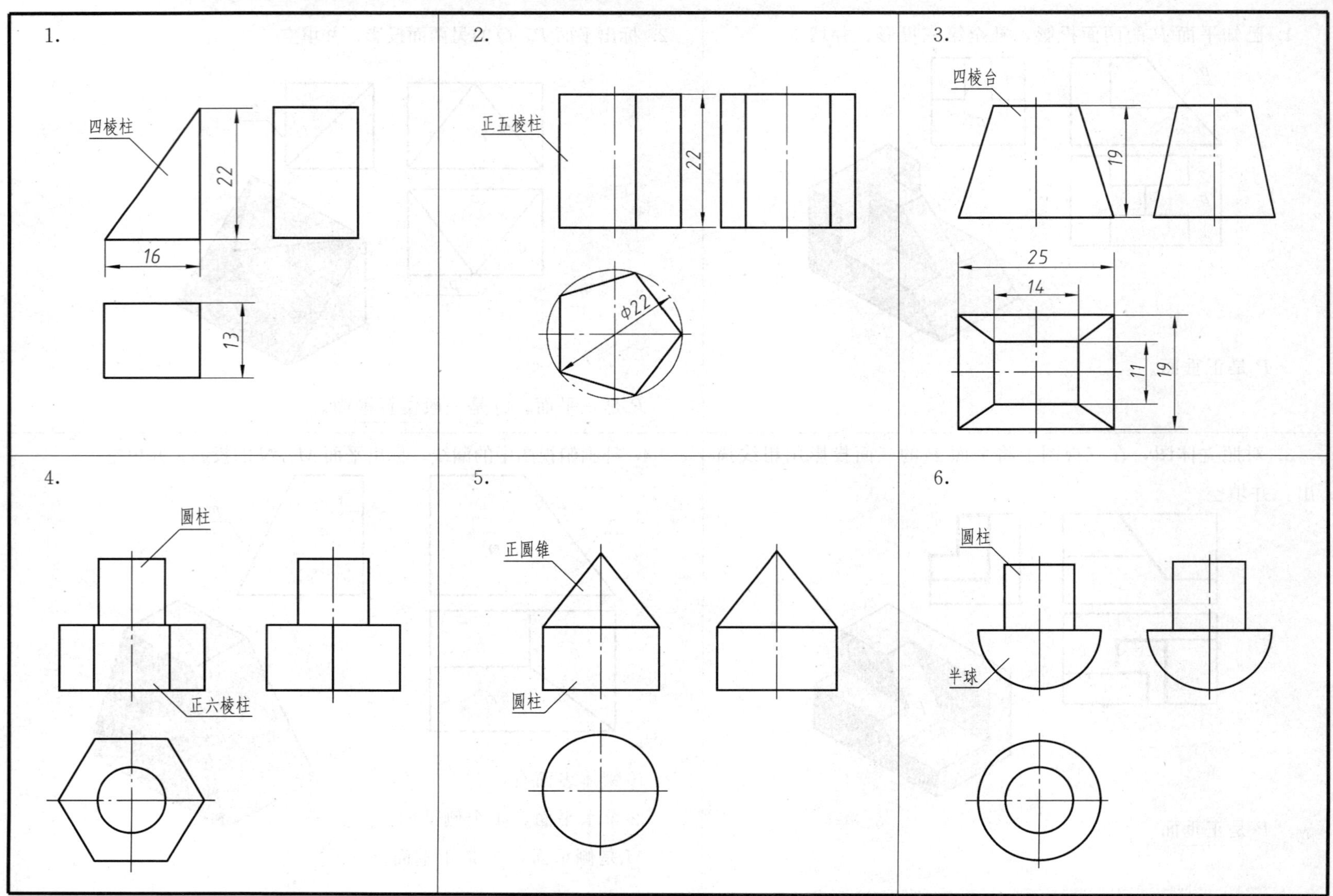

（习题册第 23 页）

2－13　基本体的投影作图与尺寸标注

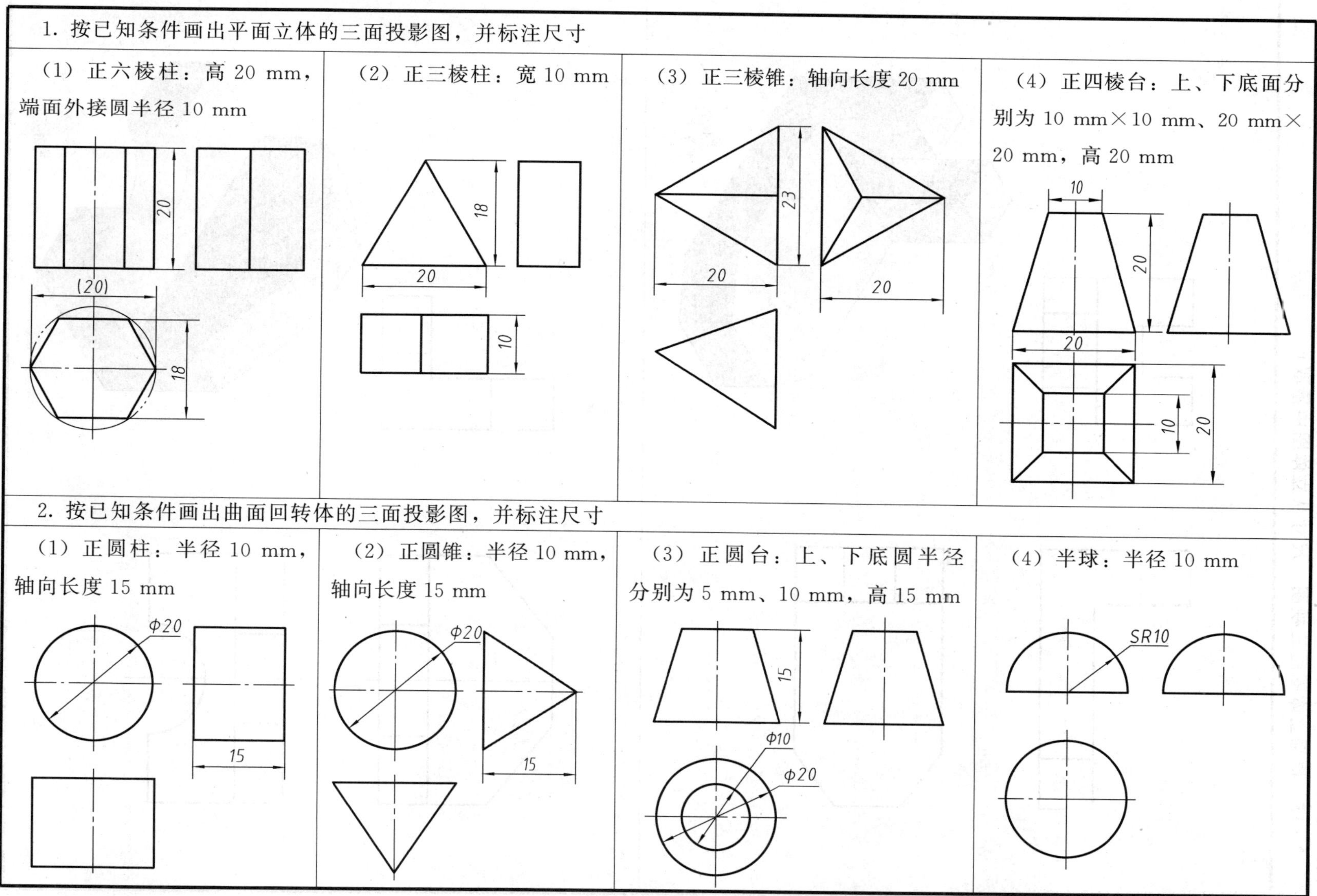

（习题册第 24 页）

2-15 根据立体图画三视图（尺寸从立体图中量取）

1.

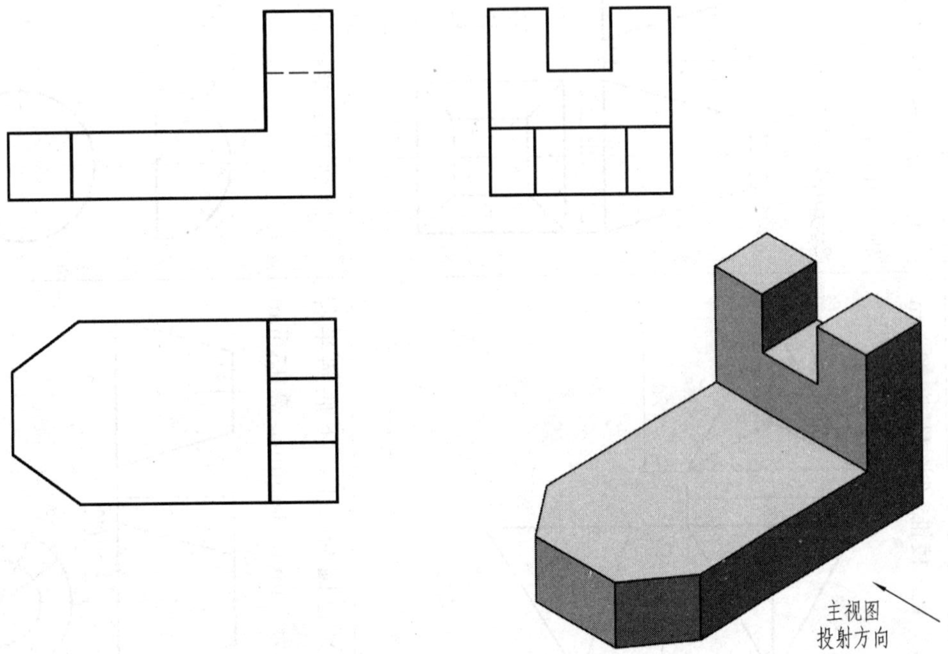

主视图
投射方向

2.

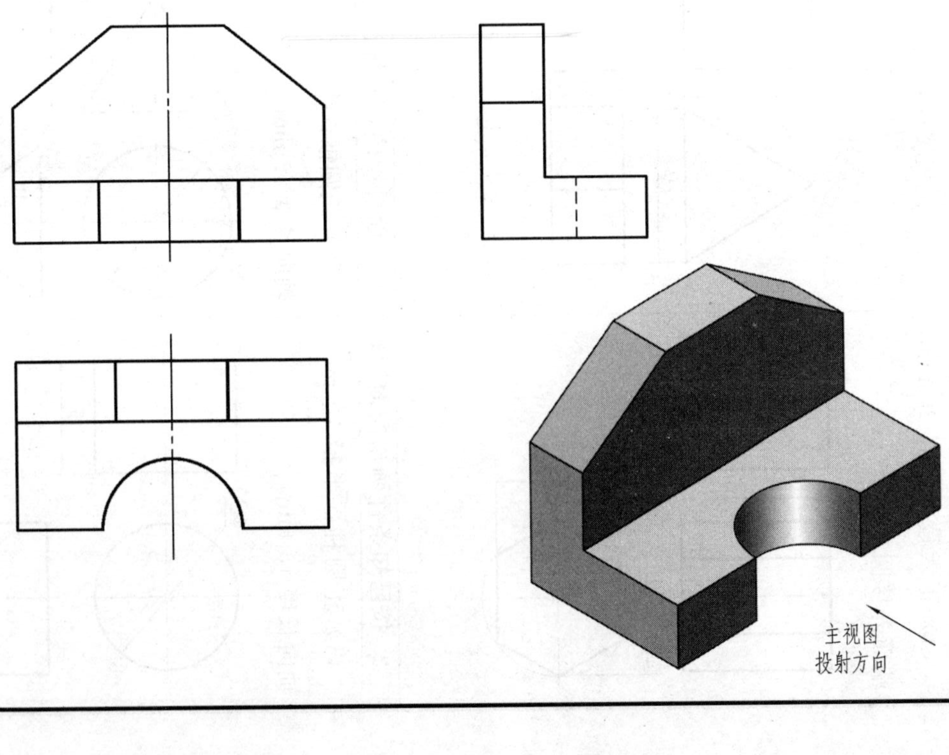

主视图
投射方向

（习题册第 26 页）

1. 填空题（每空 1 分，共 17 分）

（1）垂直，平行

（2）前，后，主；上，下，俯；左，右，左

（3）长对正，高平齐，宽相等

（4）实形；有积聚性；类似

2. 根据给出的视图轮廓，想象物体形状，补画所缺图线（每题 15 分，共 30 分）

（1）

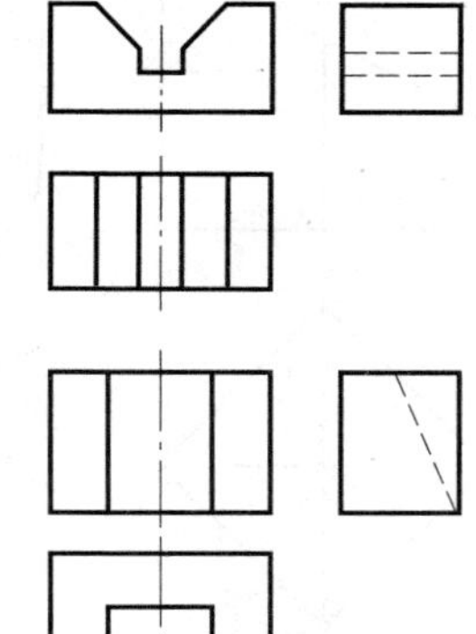

（2）

3. 根据给出的立体图，补画所缺视图，并回答问题（23 分）

（1）（10 分）

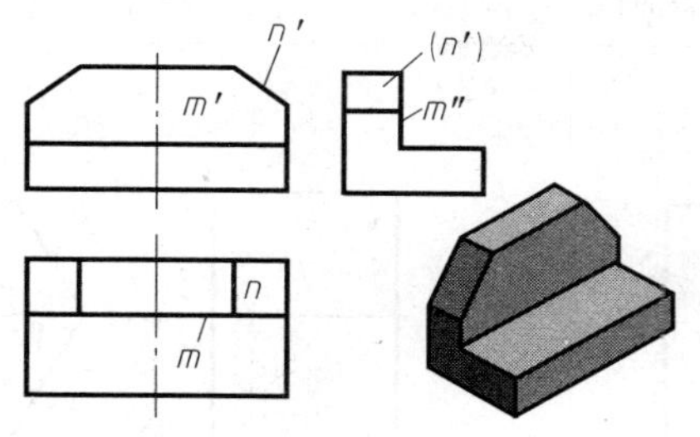

平面 M 是 正平 面， V 面投影 反映实形。

平面 N 是 正垂 面， 不 反映实形。

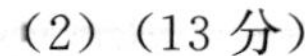
（2）（13 分）

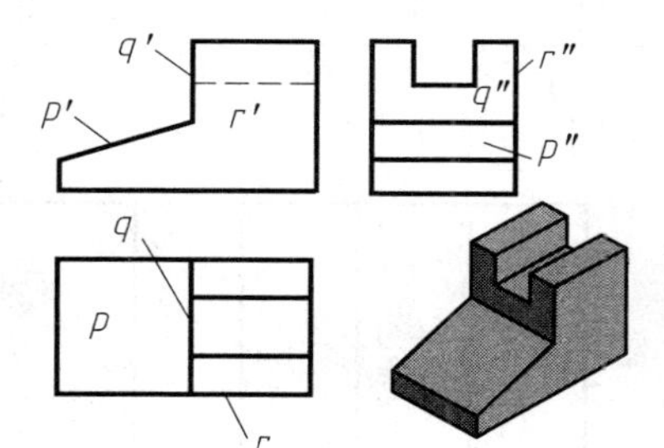

平面 P 是 正垂 面， 不 反映实形。

平面 Q 是 侧平 面， 侧面投影 反映实形。

平面 R 是 正平 面， 正面投影 反映实形。

4. 按给定条件完成基本体的三视图，并标注尺寸（从图中量取，取整数）（每题 15 分，共 30 分）

（1）正六棱柱，长 20 mm

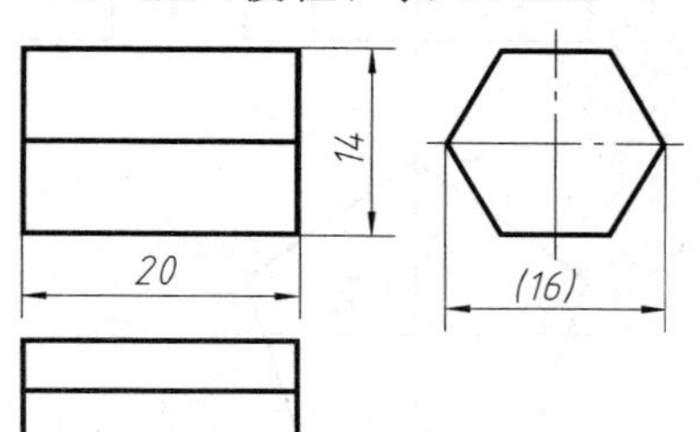

（2）圆台，长 20 mm

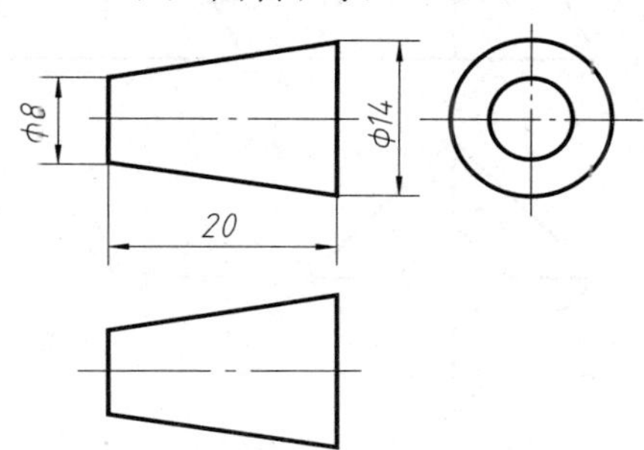

第三章　立体表面交线的投影作图

3-1　立体表面上点的投影（一）

已知下列各平面立体的两视图，补画第三视图，并作出立体表面上点 M、N 的另两个投影

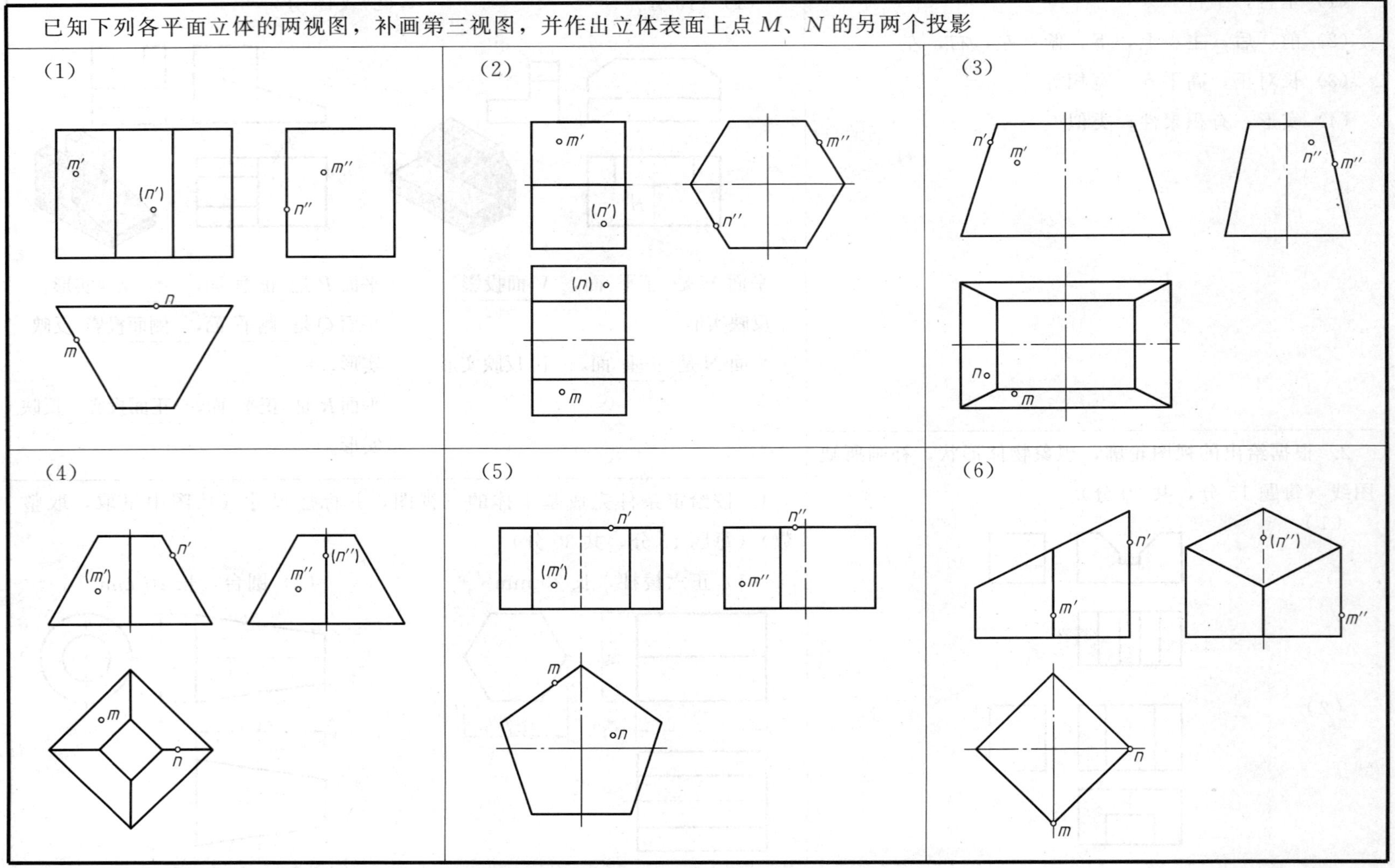

（习题册第 28 页）

3-2 立体表面上点的投影（二）

已知下列各曲面立体的两视图，补画第三视图，并作出立体表面上点 M、N 的另两个投影

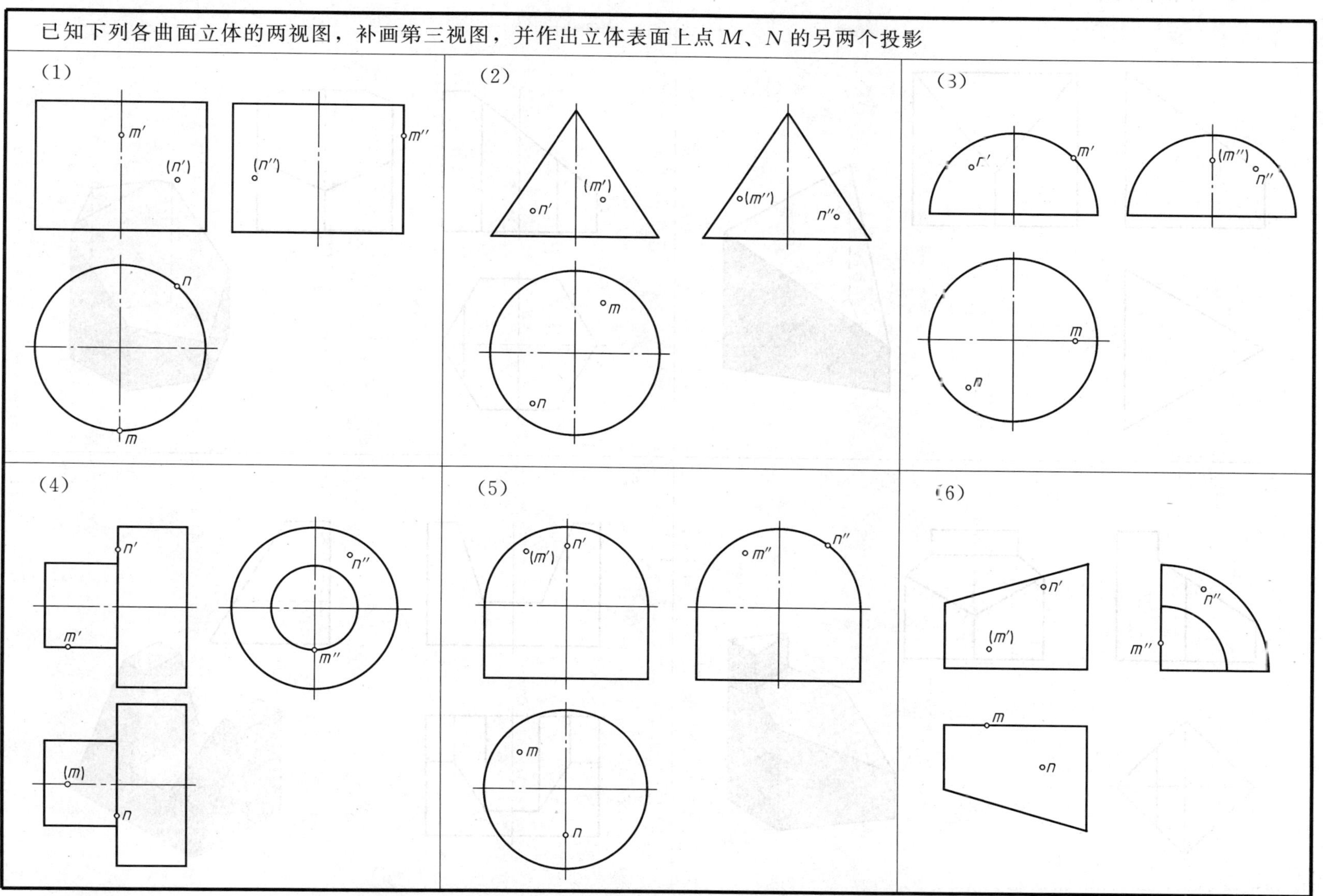

3-3 平面切割体（一）——完成平面体被切割后的三面投影

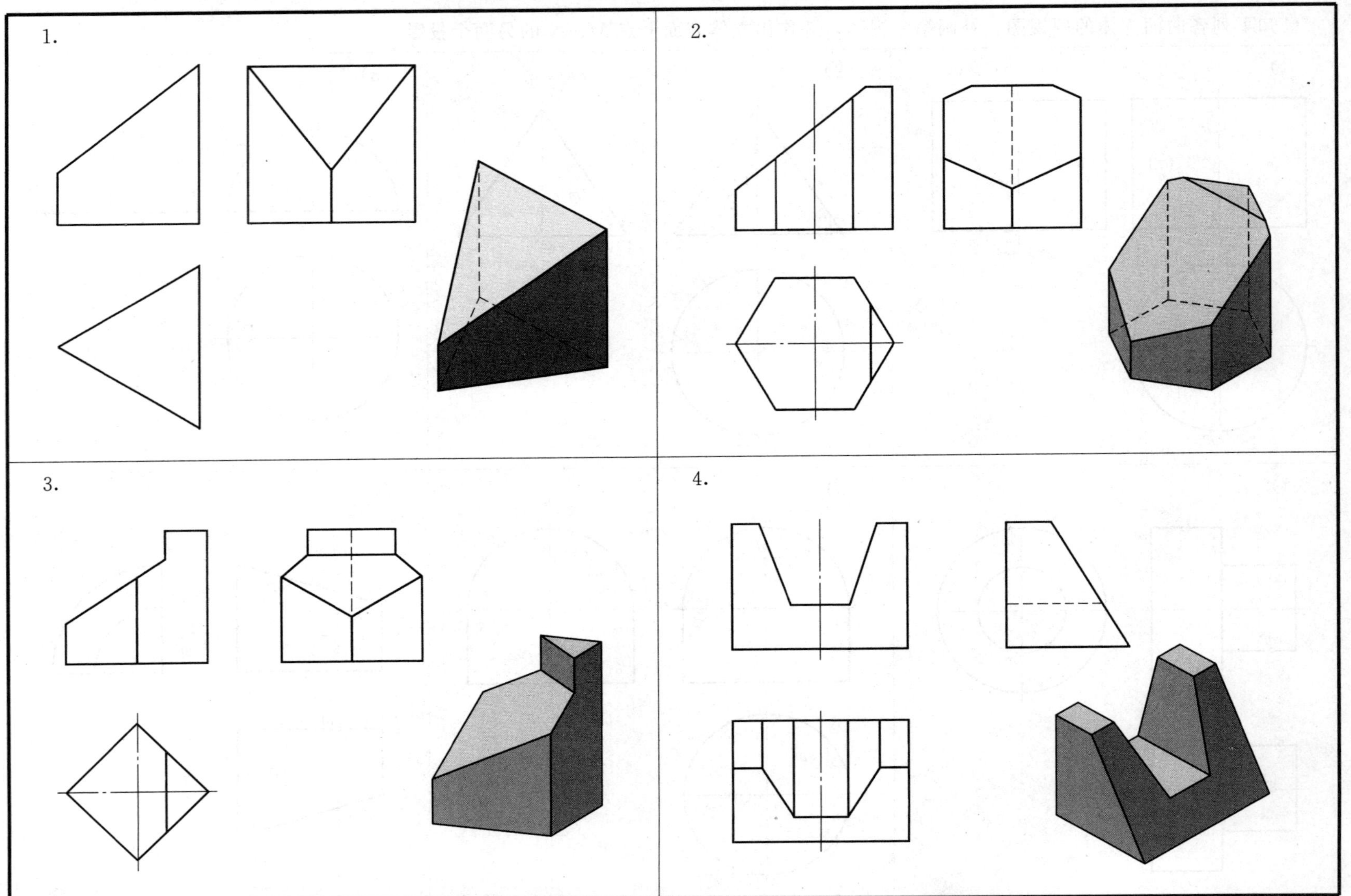

（习题册第 30 页）

3－4 平面切割体（二）——完成平面体被切割后的三面投影

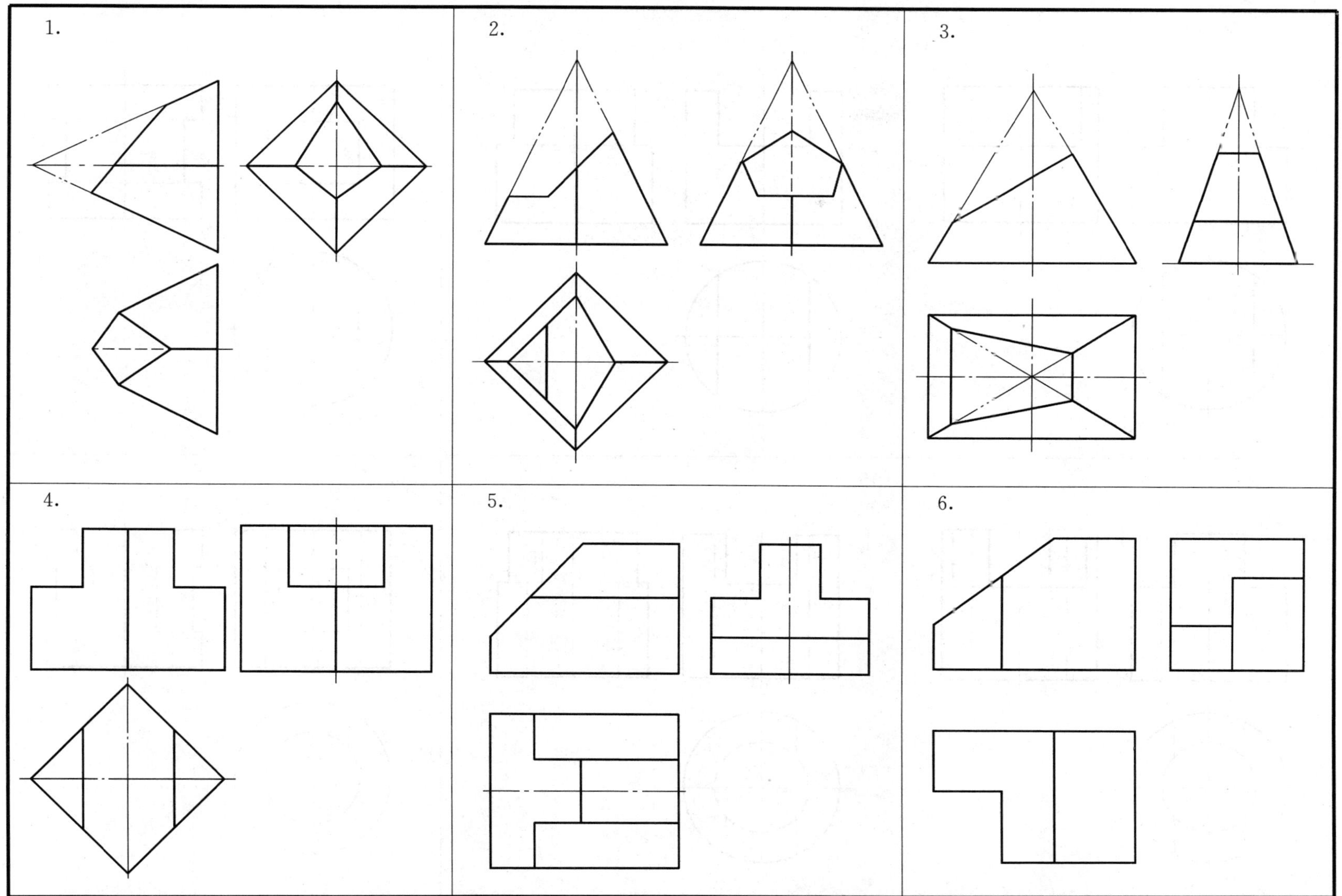

（习题册第 31 页）

3-6 曲面切割体（一）——完成曲面体被切割后的左视图

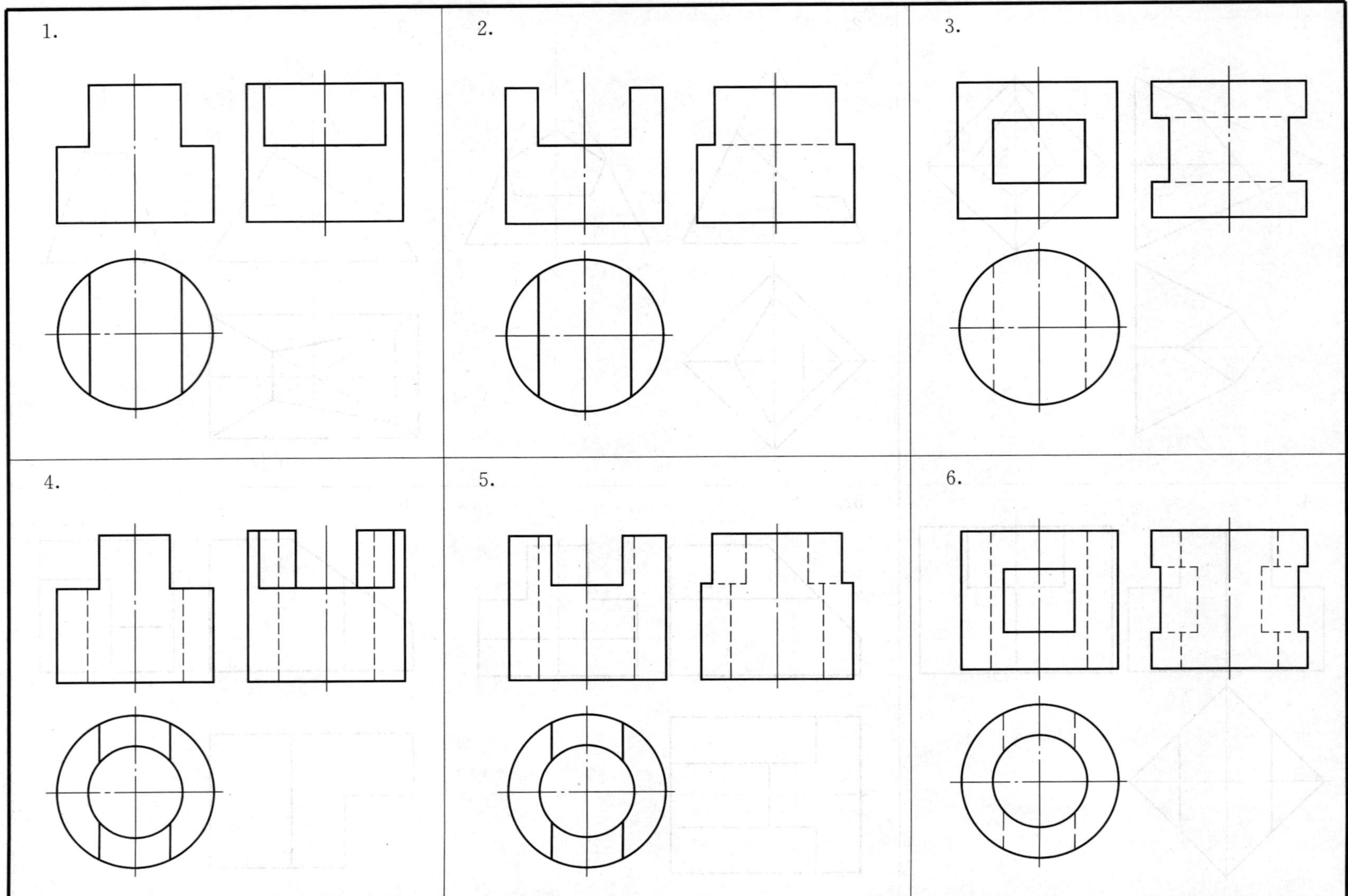

（习题册第 33 页）

3－7　曲面切割体（二）——完成曲面体被切割后的左视图或俯视图

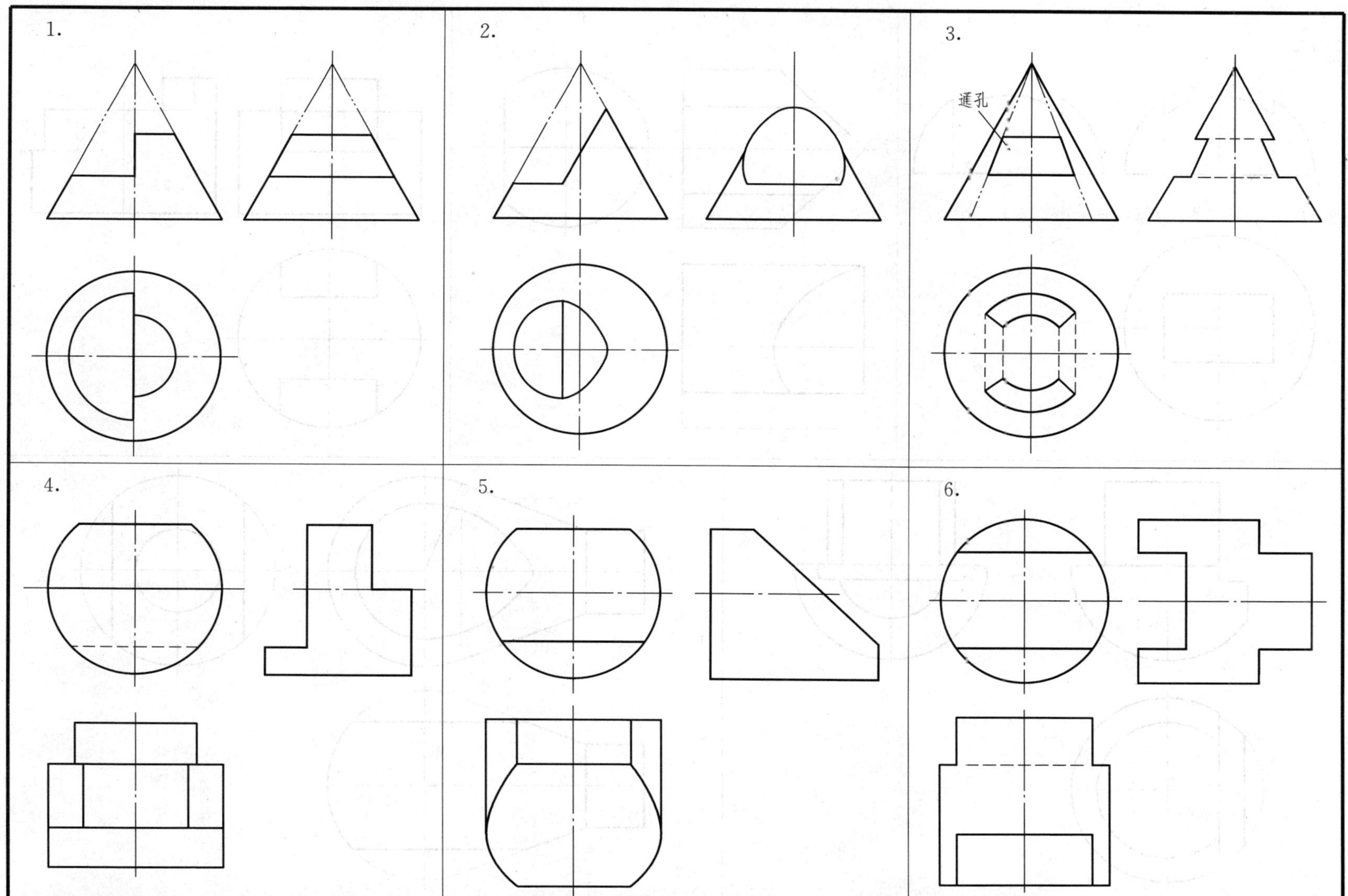

（习题册第 34 页）

*3-8 曲面切割体（三）——补画视图中漏画的图线

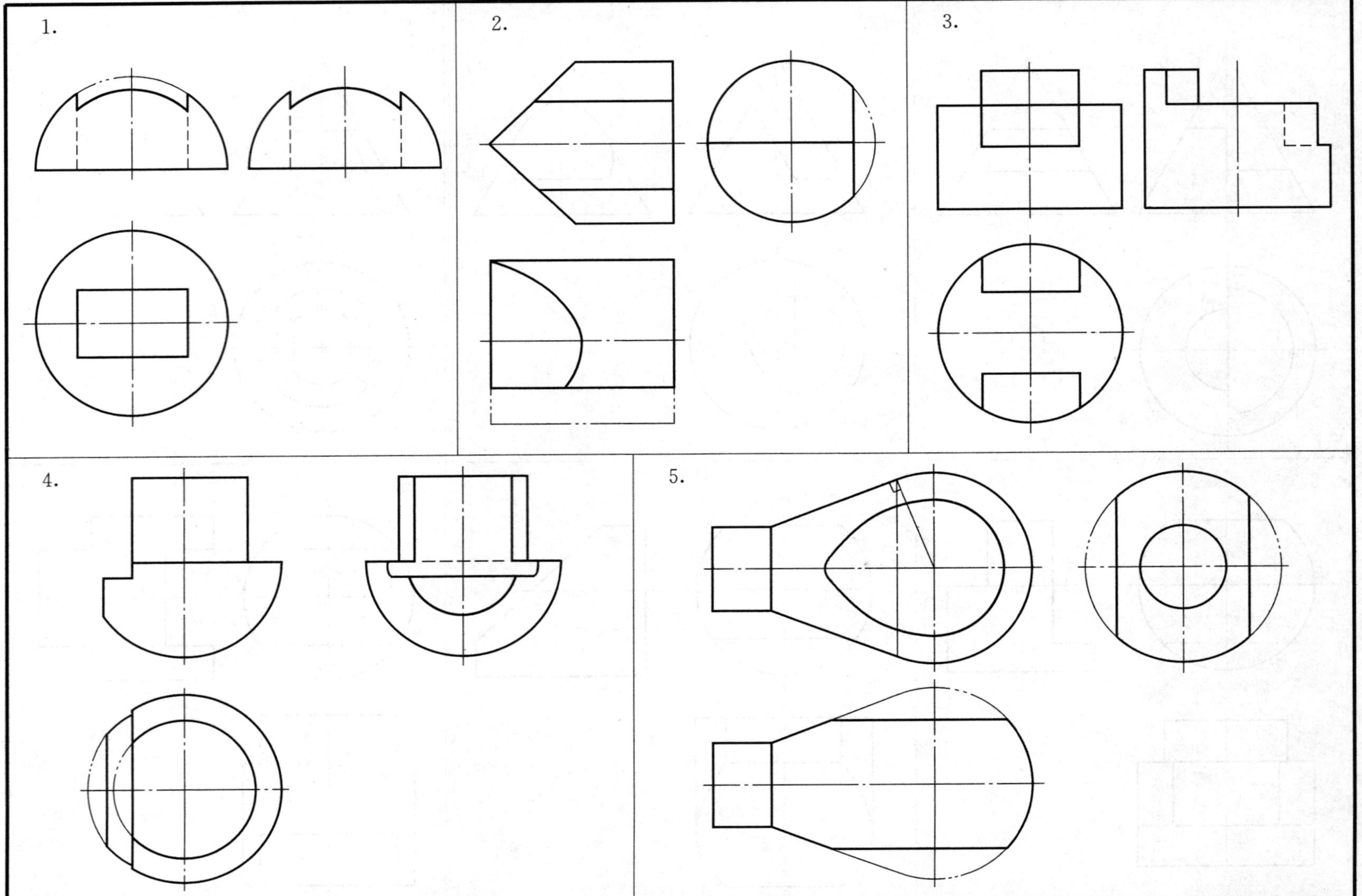

（习题册第 35 页）

3－9　补画视图中漏画的相贯线（一）

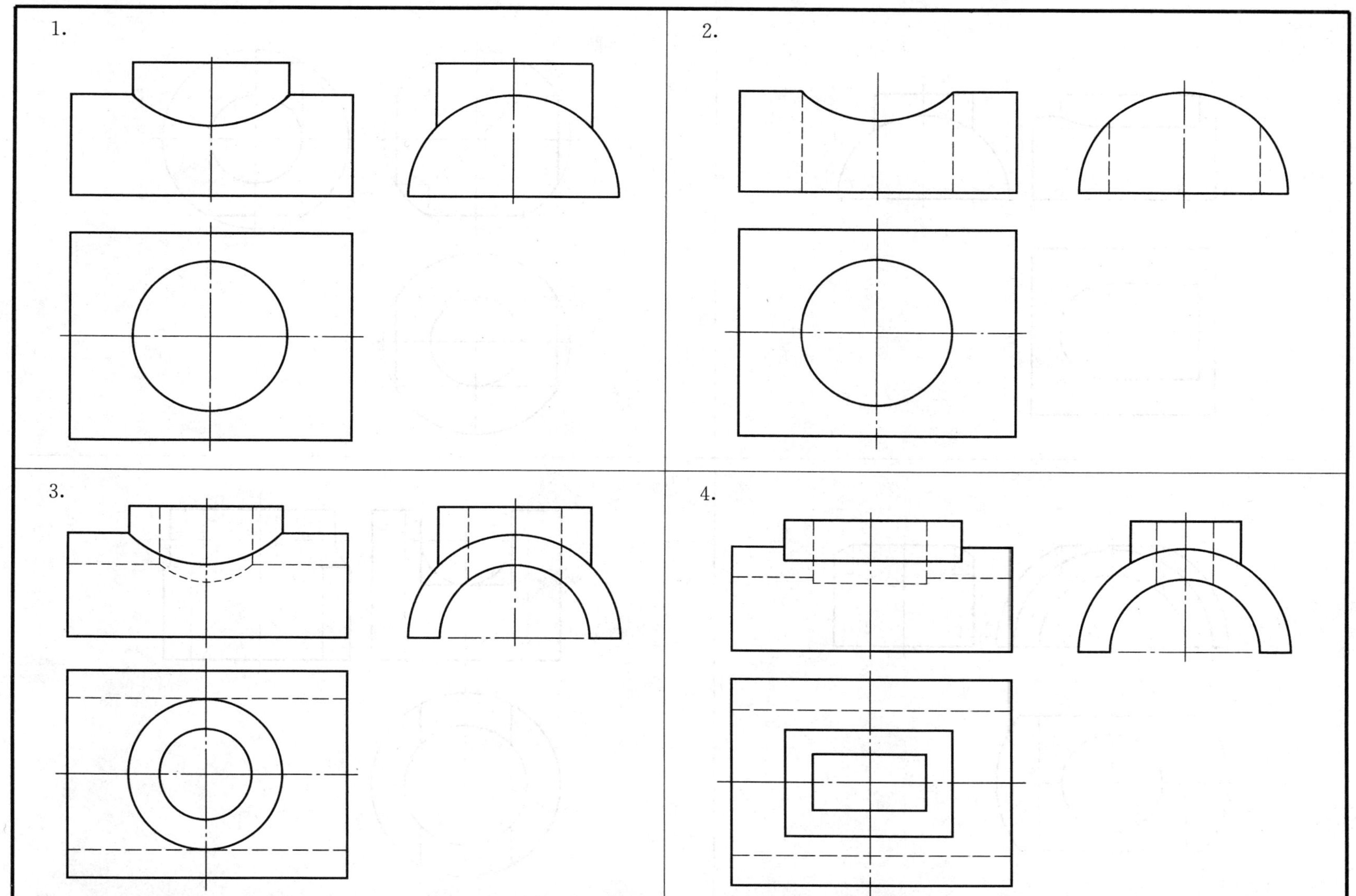

（习题册第 36 页）

*3－10　补画视图中漏画的相贯线（二）（可用简化画法）

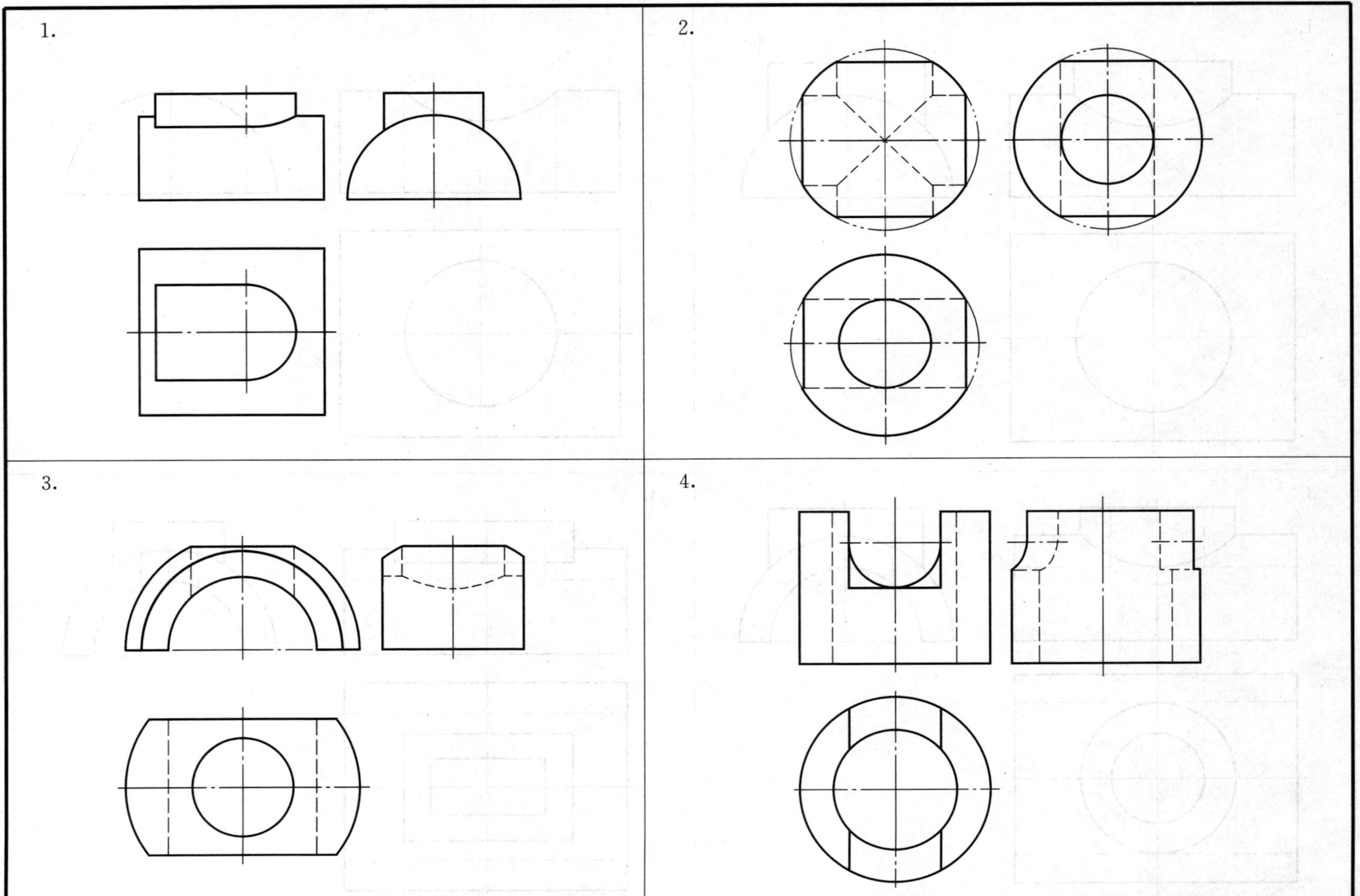

（习题册第 37 页）

训练与自测题

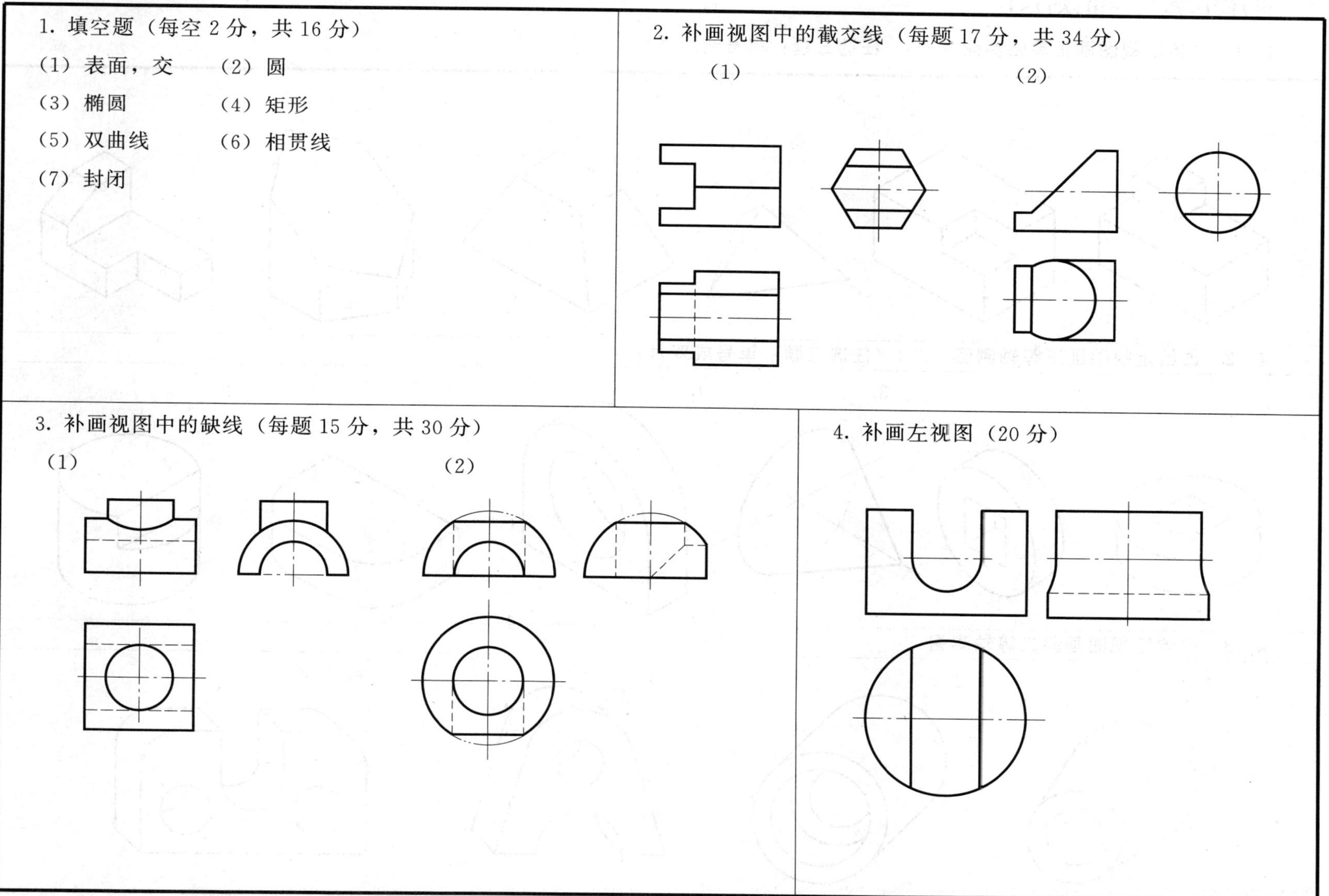

1. 填空题（每空 2 分，共 16 分）

（1）表面，交　（2）圆

（3）椭圆　（4）矩形

（5）双曲线　（6）相贯线

（7）封闭

2. 补画视图中的截交线（每题 17 分，共 34 分）

（1）　（2）

3. 补画视图中的缺线（每题 15 分，共 30 分）

（1）　（2）

4. 补画左视图（20 分）

（习题册第 39 页）

第四章　轴测图

4－1　由给定视图画正等轴测图（一）（任选三题：单号或双号）

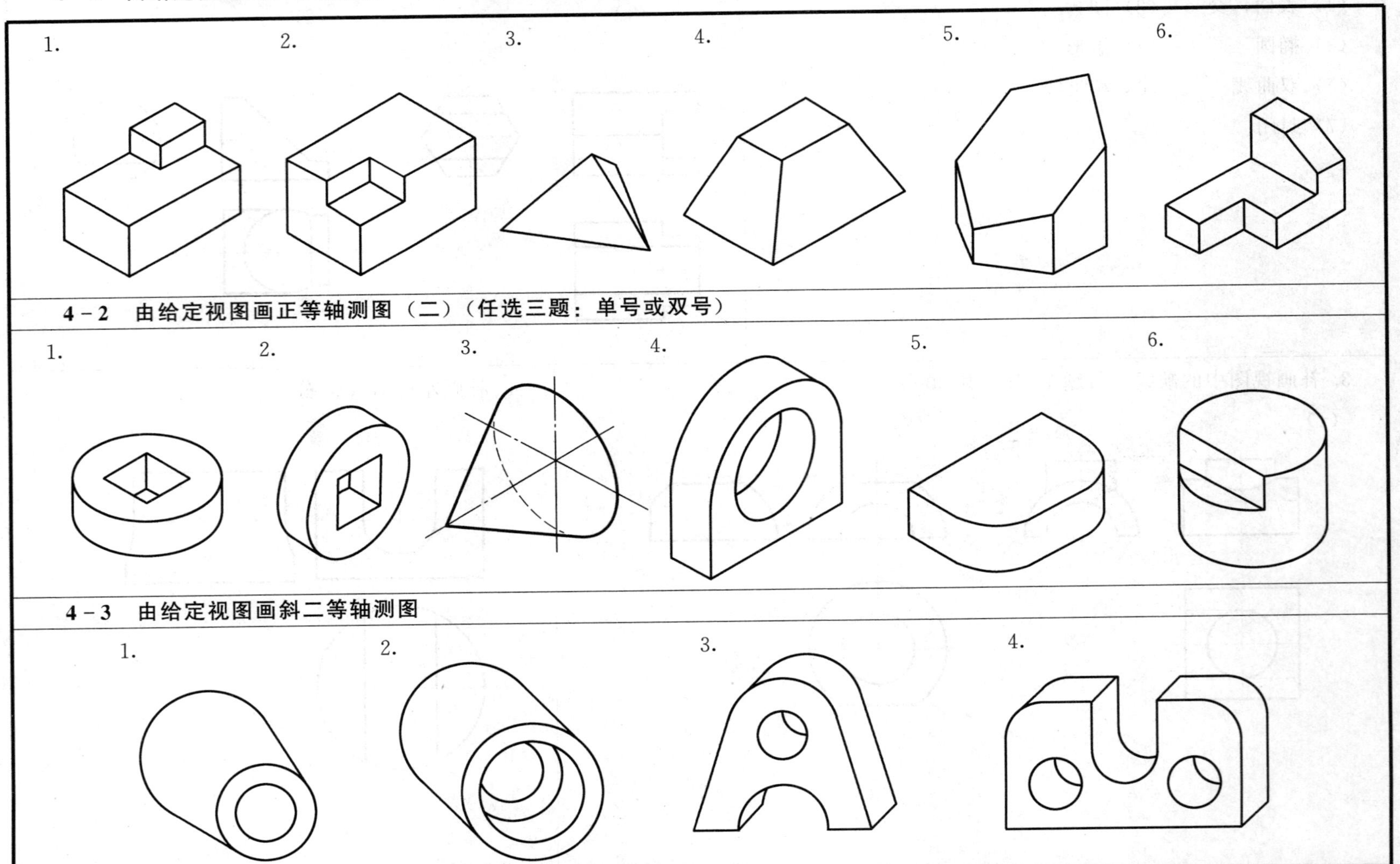

（习题册第 40 页、第 41 页、第 42 页）

4-4 徒手作图基本练习

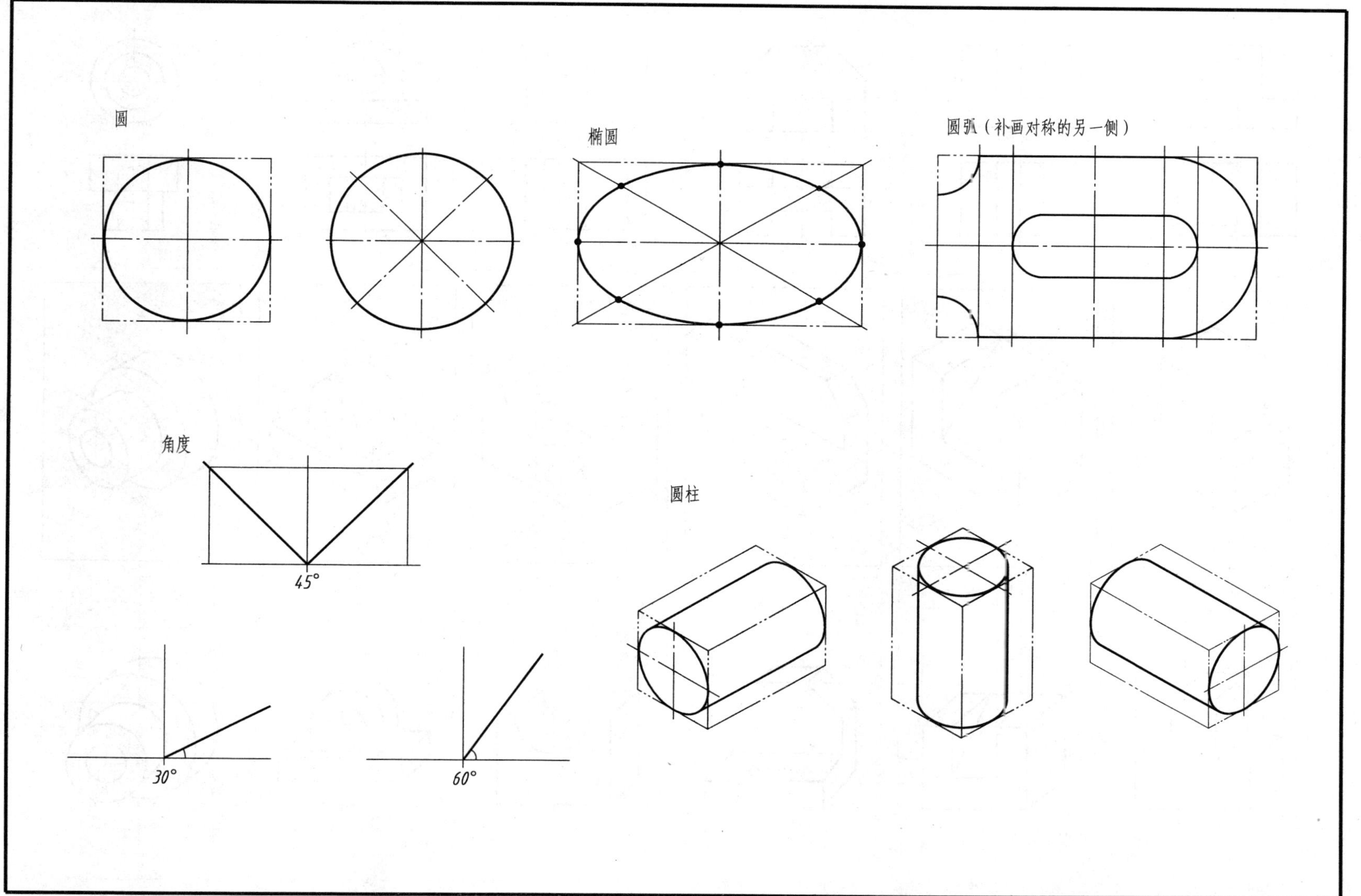

（习题册第 43 页）

4－5　根据两视图徒手画轴测图（斜格内画正等轴测图，方格内画斜二等轴测图）

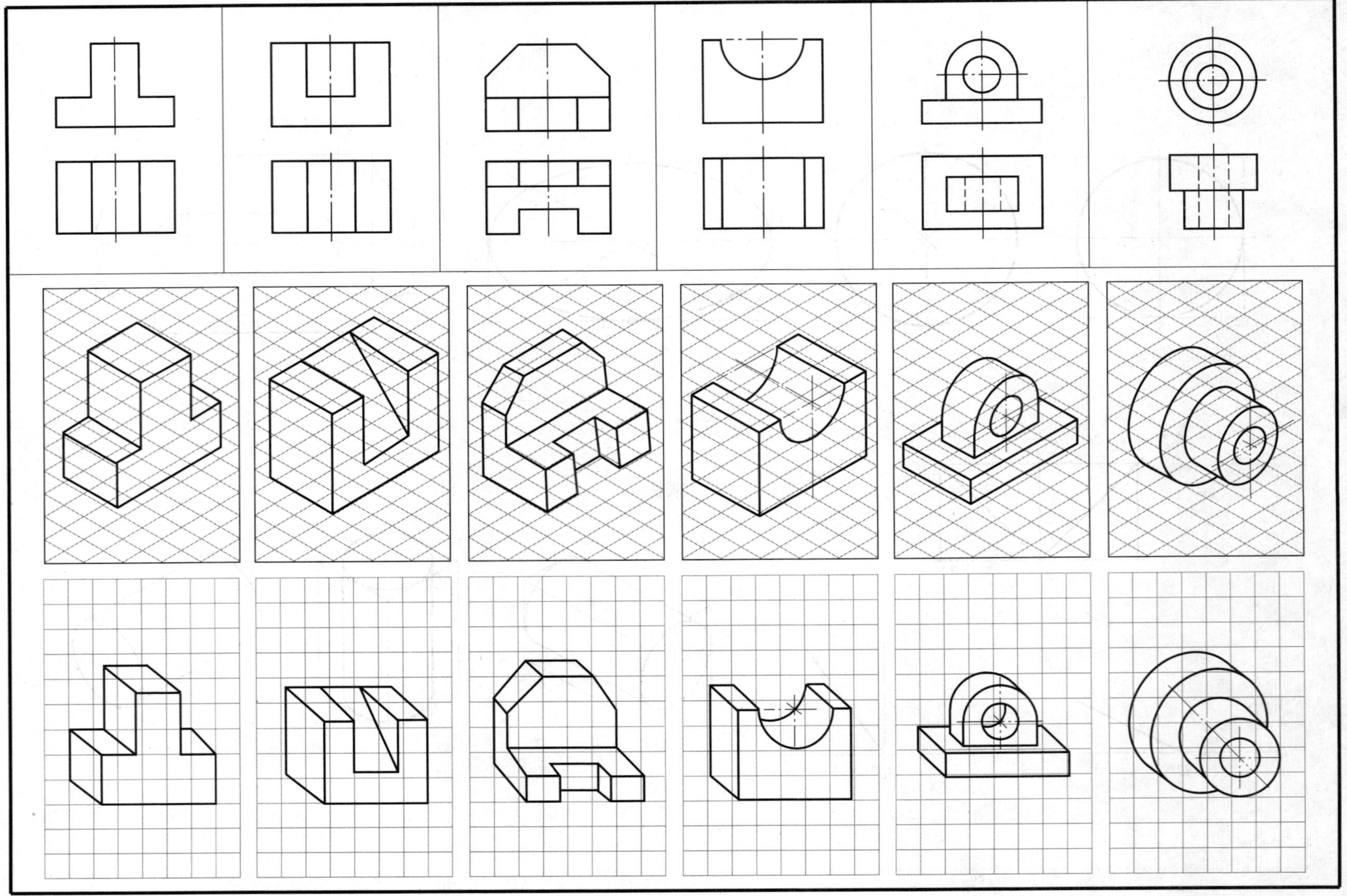

（习题册第 44 页）

4-6　补画视图中的漏线（在给出的轴测图轮廓内徒手完成轴测草图）

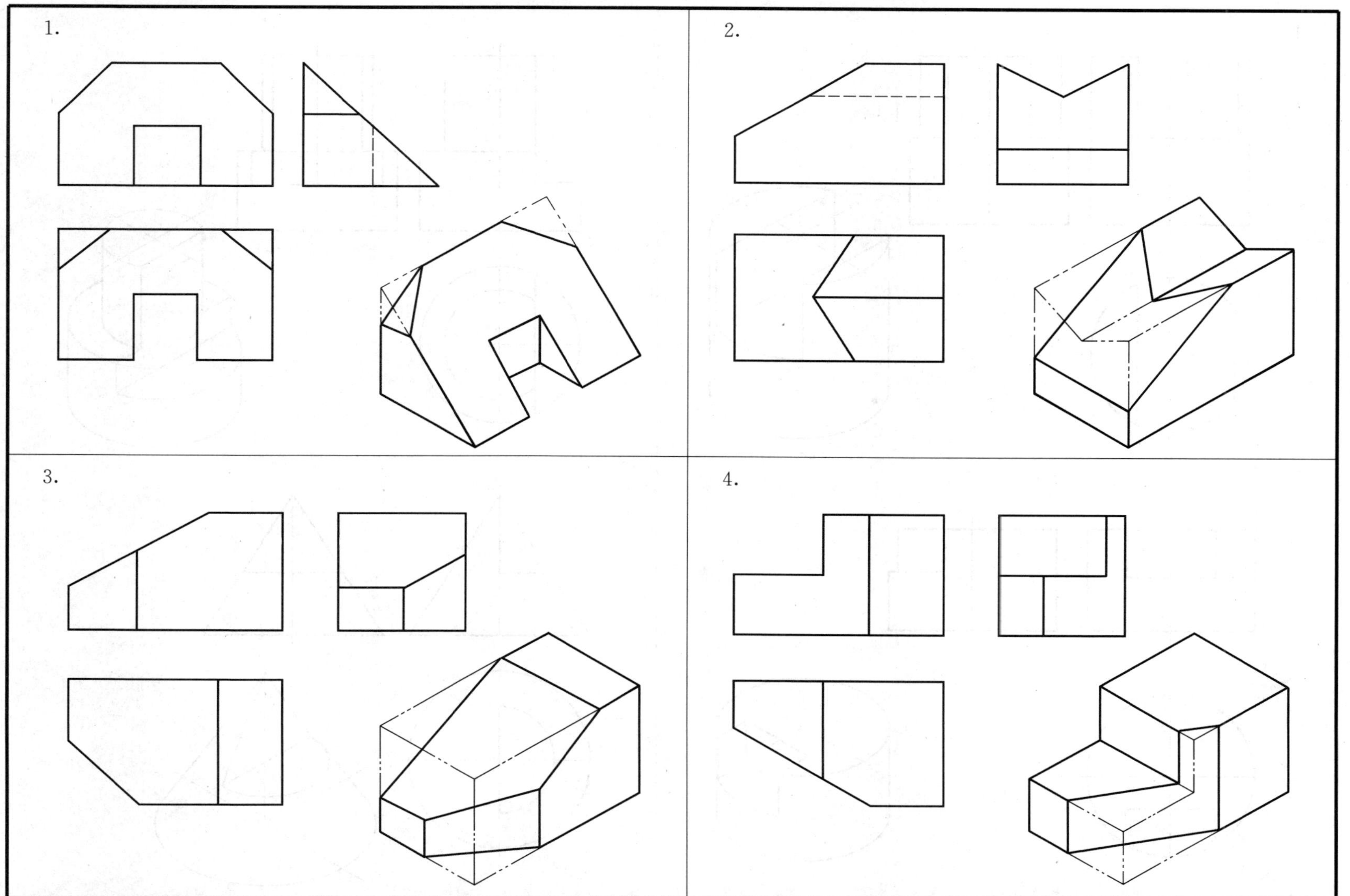

（习题册第 45 页）

*4－7 补画回转体被切割后的另一视图（在给出的轴测图轮廓内徒手完成轴测草图）

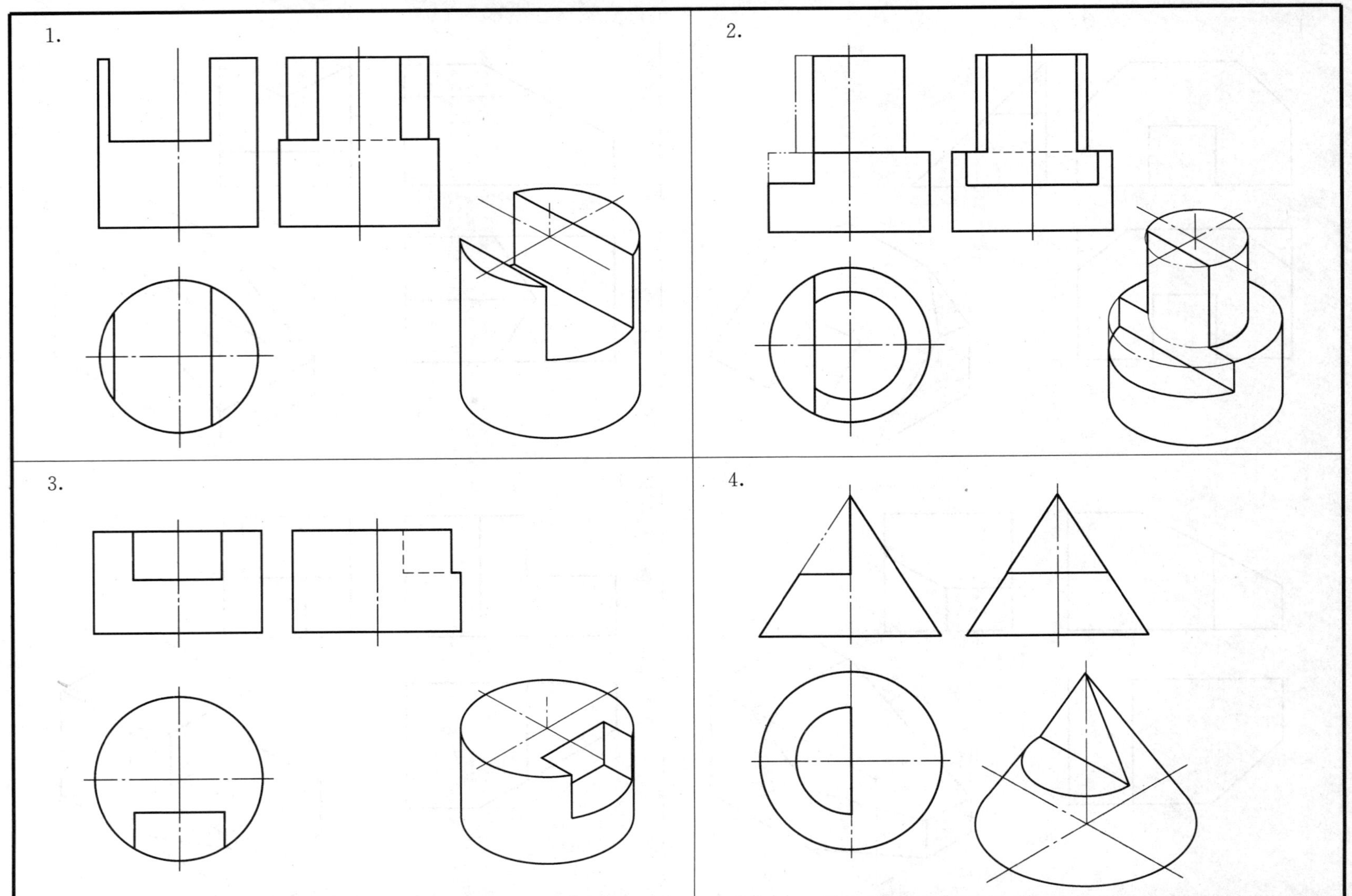

（习题册第 46 页）

1. 填空题（每空 2 分，共 12 分）

（1）120°，0.82　　（2）平行

（3）菱形　　（4）轴测轴

（5）实形

2. 根据已知视图，画正等轴测图（尺寸从图中量取）（每题 19 分，共 38 分）

（1）

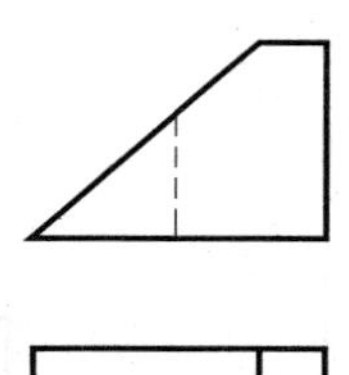

（2）

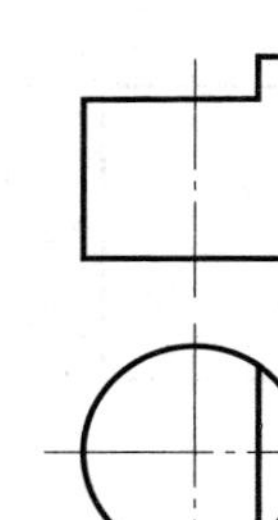

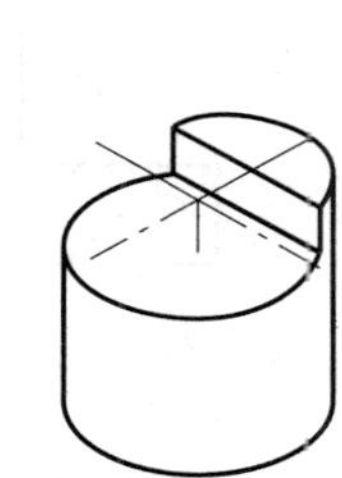

3. 画正等轴测图（25 分）

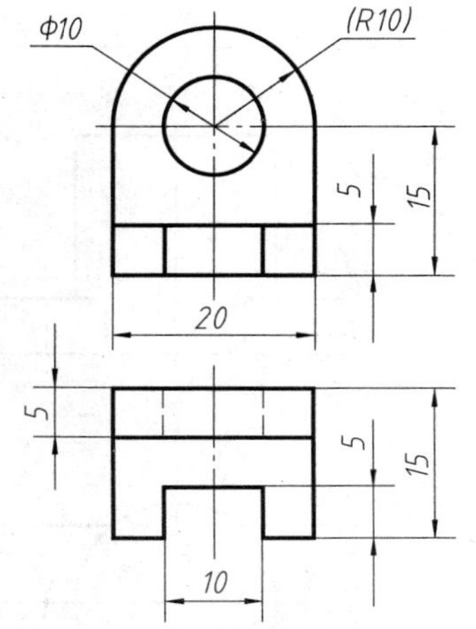

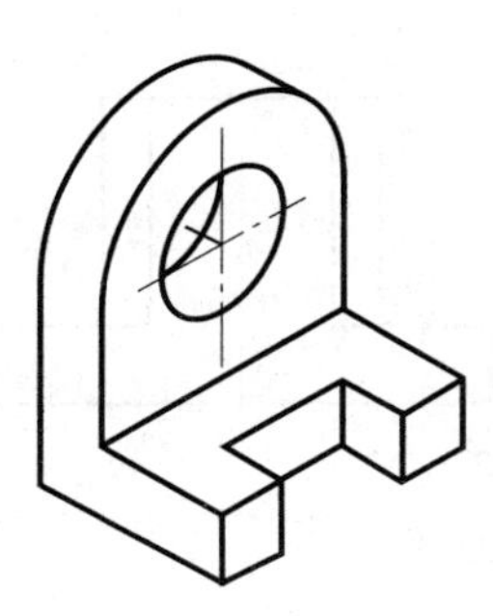

4. 画斜二轴测图（25 分）

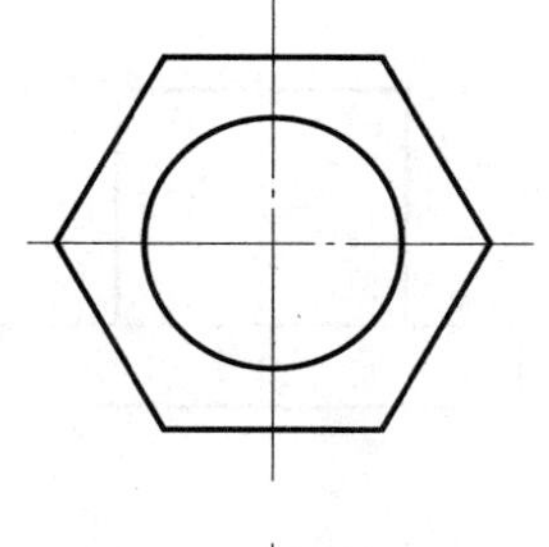

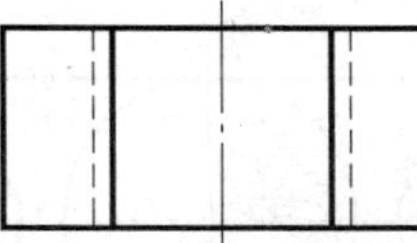

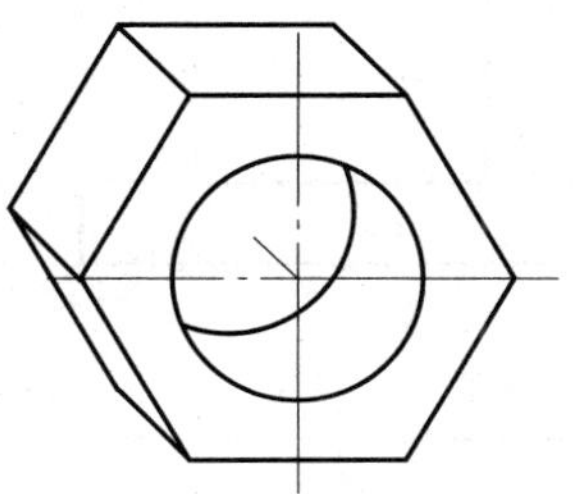

（习题册第 47 页）

第五章 组合体

5－1 补画下列组合体表面交线

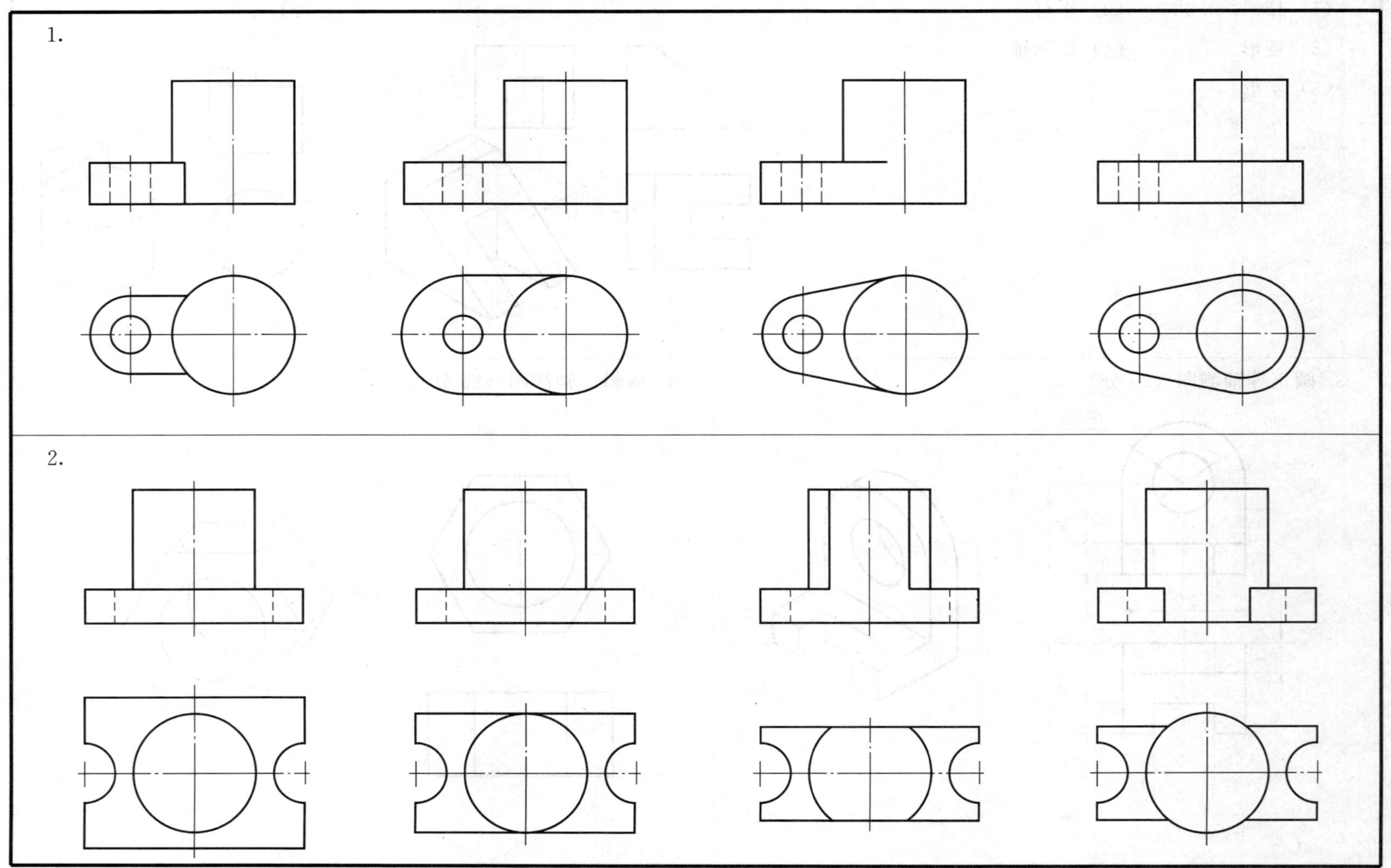

（习题册第 48 页）

5-2 按形体分析的方法逐步画出轴测图所示的组合体三视图

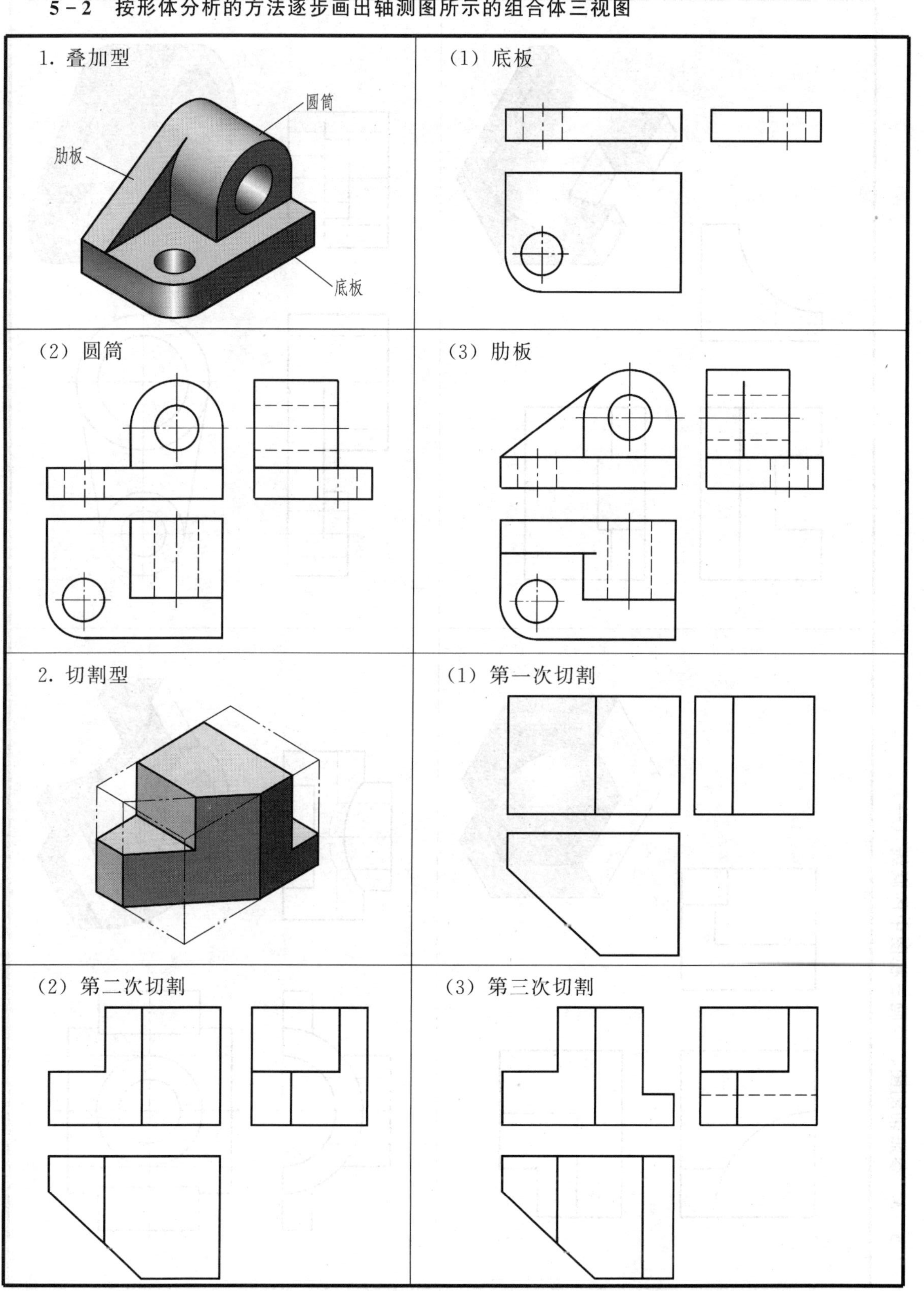

(习题册第 49 页)

5-3 参照轴测图，补画三视图中的漏线（一）

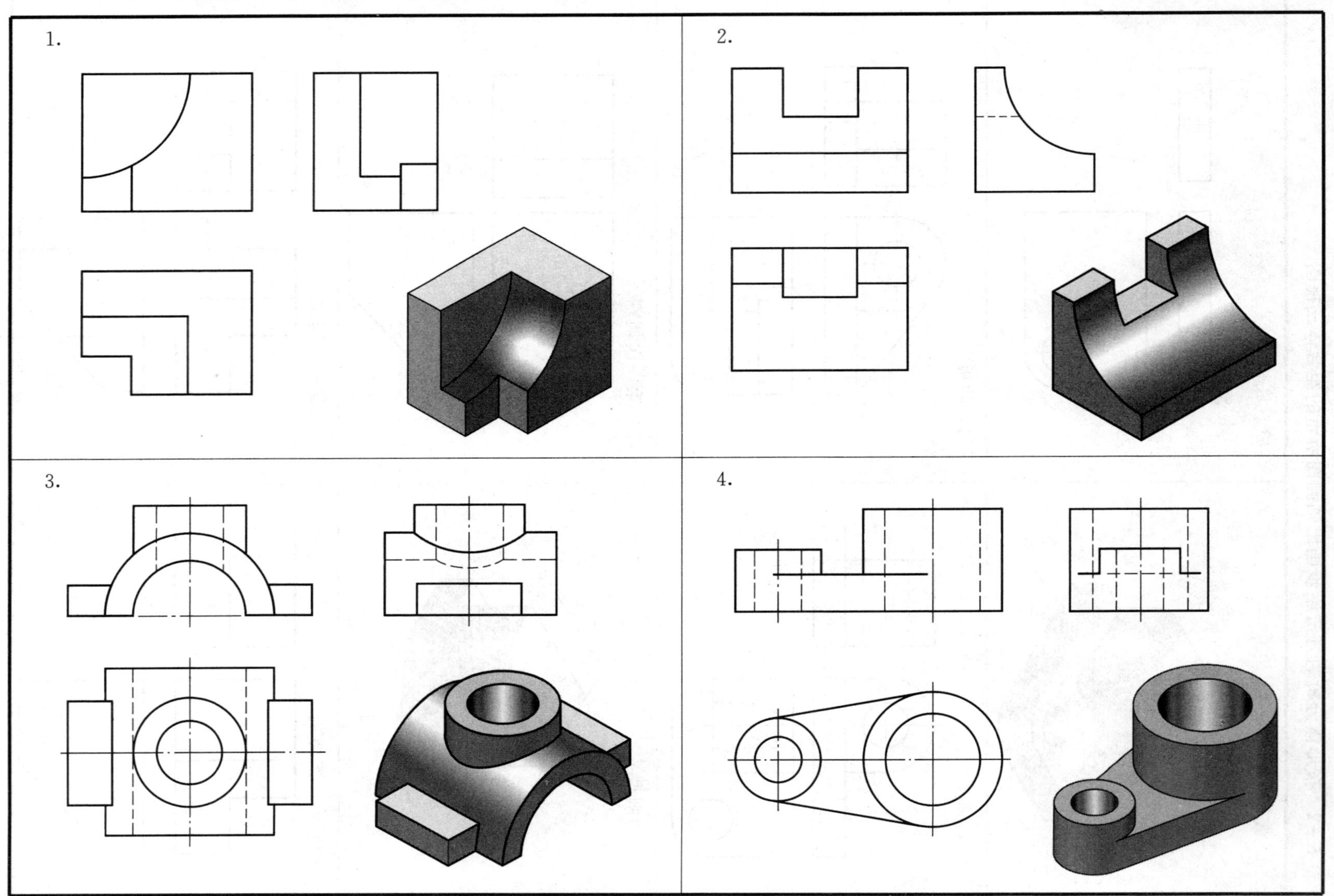

（习题册第 50 页）

5-4　参照轴测图，补画三视图中的漏线（二）

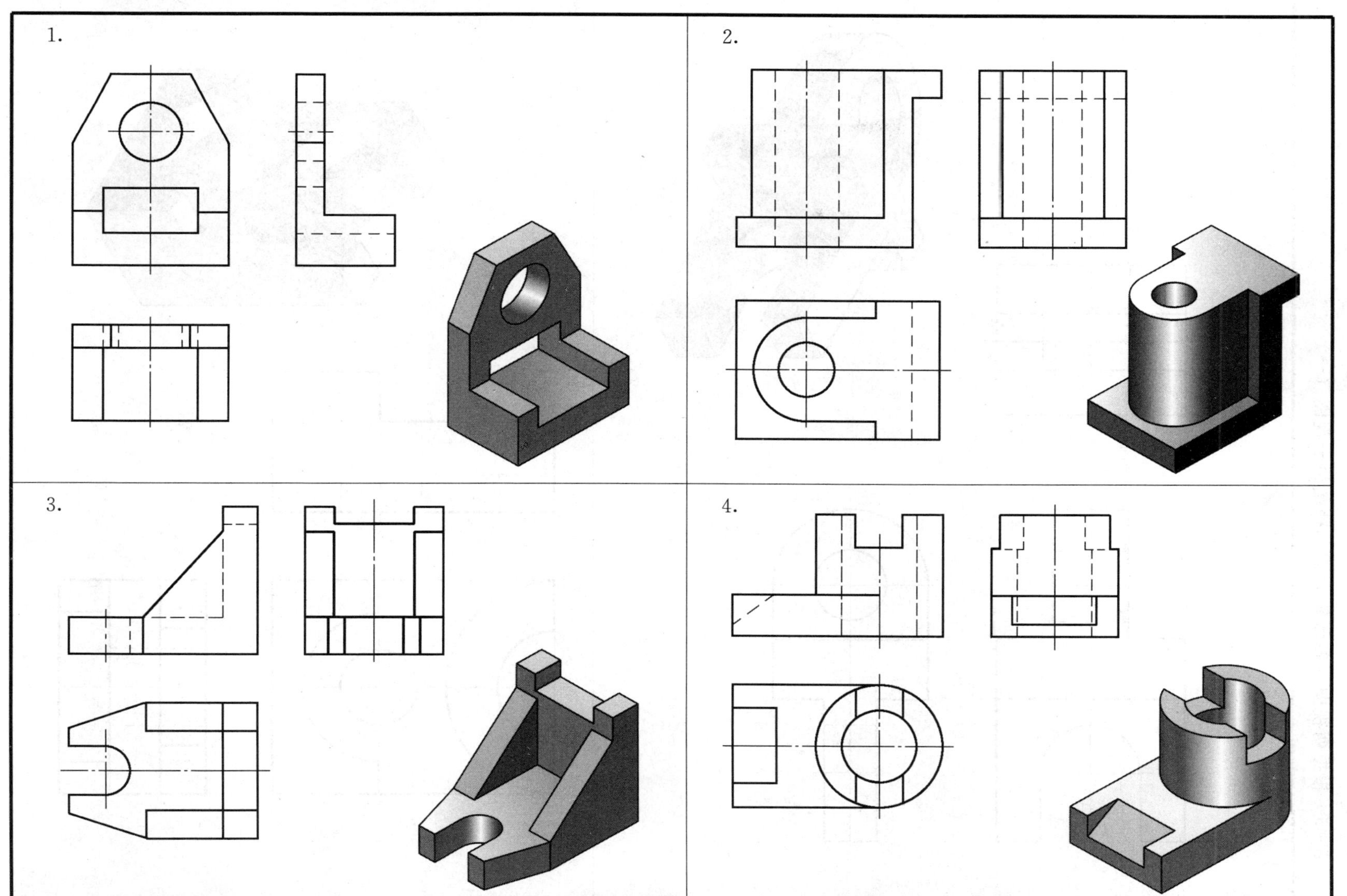

（习题册第 51 页）

5－5 根据两视图（参照轴测图）补画另一视图（一）

1.

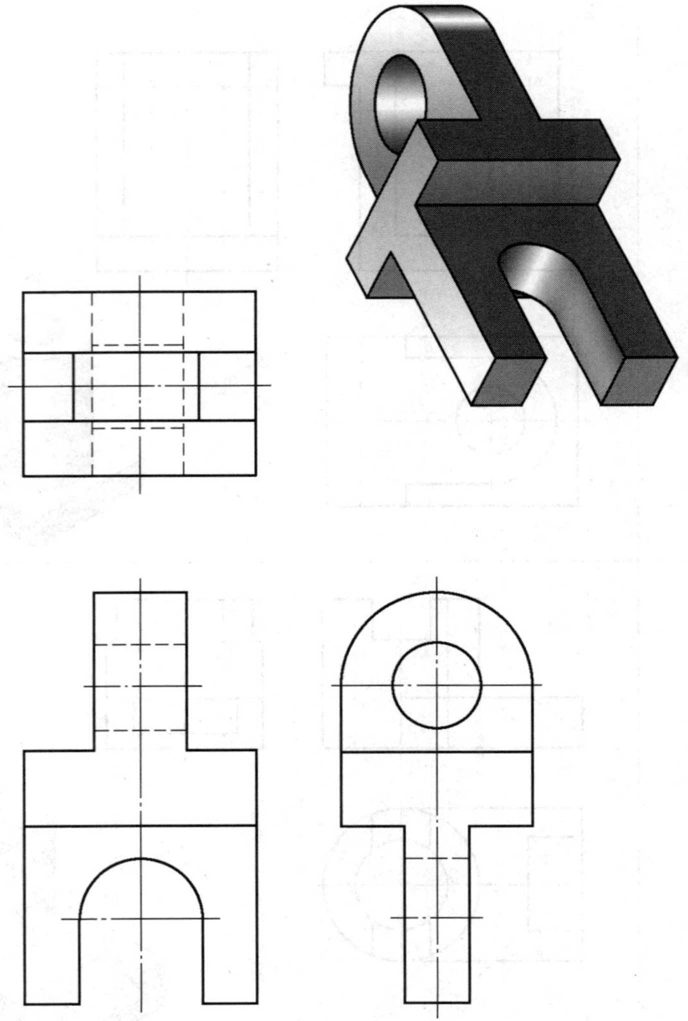

2.

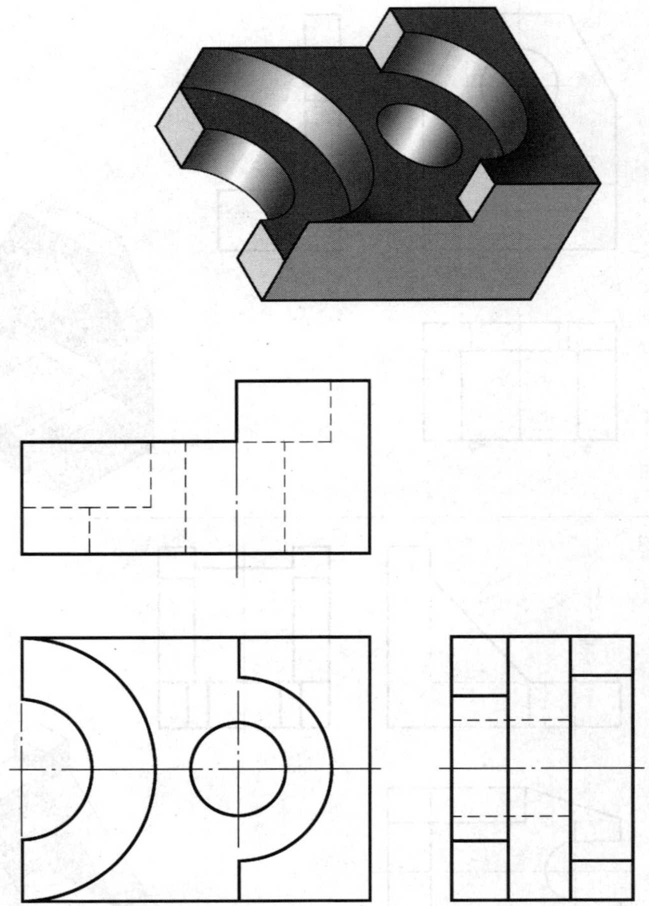

（习题册第 52 页）

5-6 根据两视图（参照轴测图）补画另一视图（二）

1.

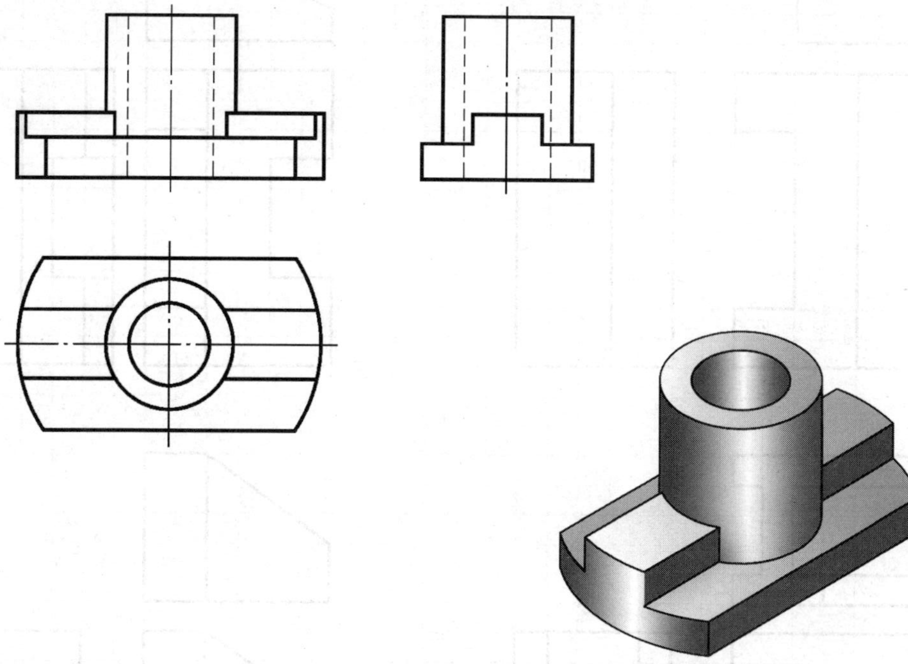

2.

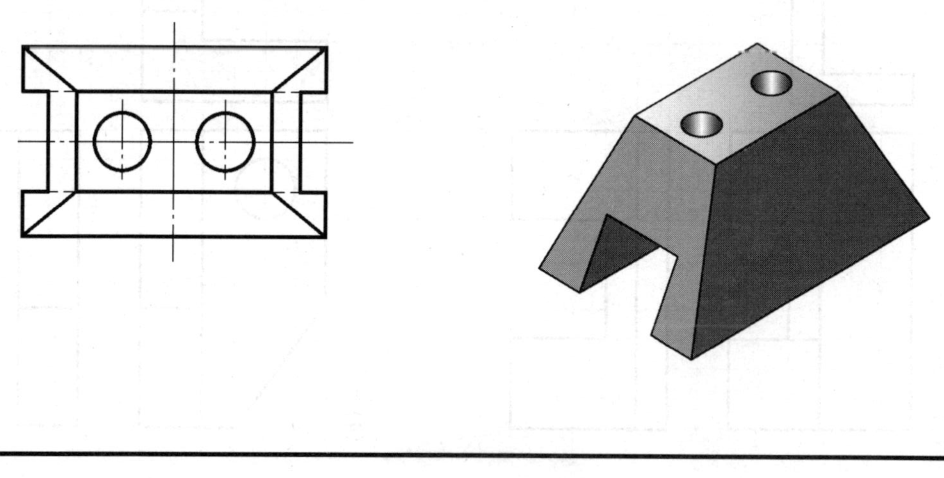

5-7 根据轴测图徒手画三视图（可选若干题）

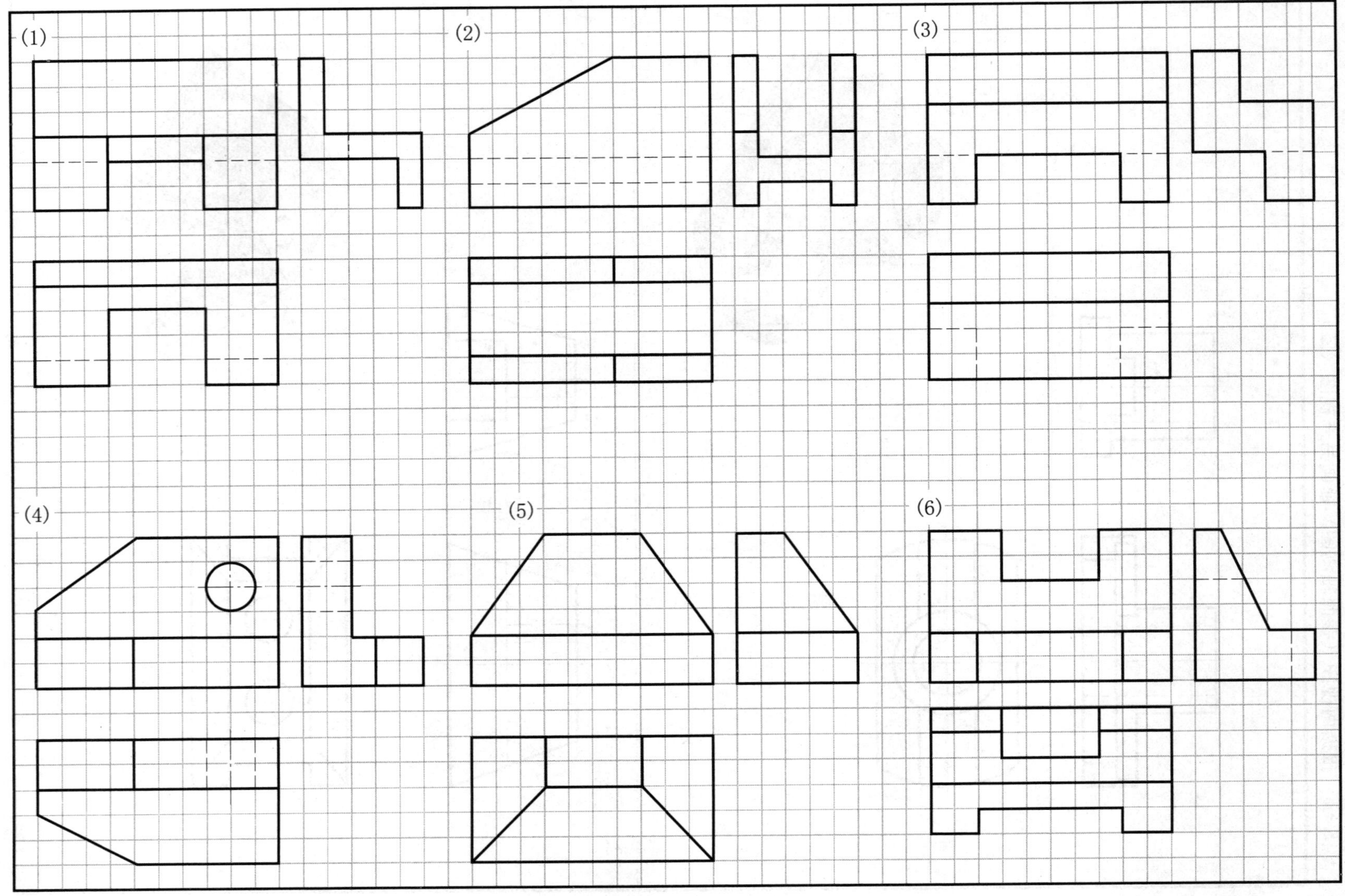

（习题册第 54 页）

5－7（续）

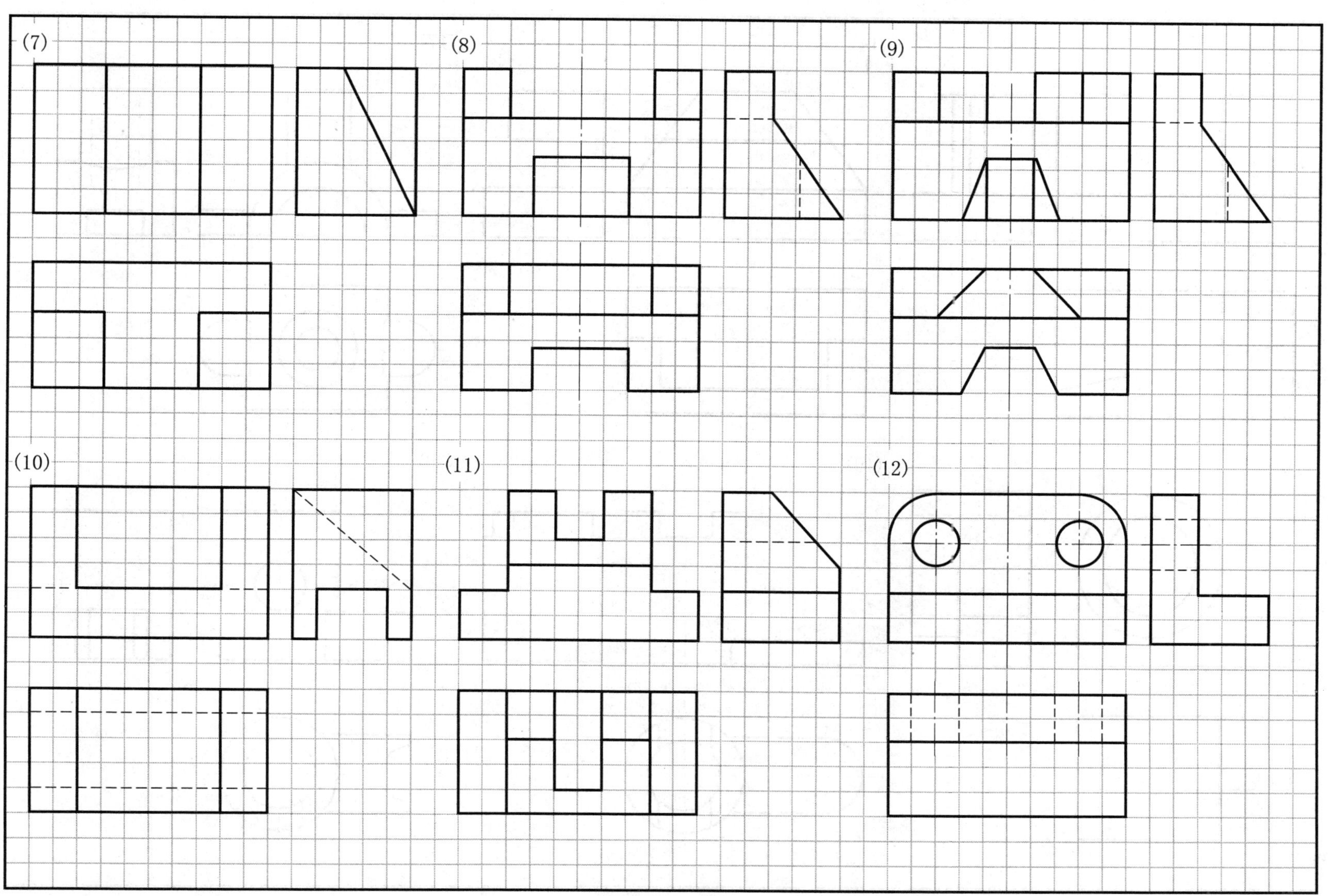

（习题册第 *54* 页）

5－7（续）［（15）（16）略］

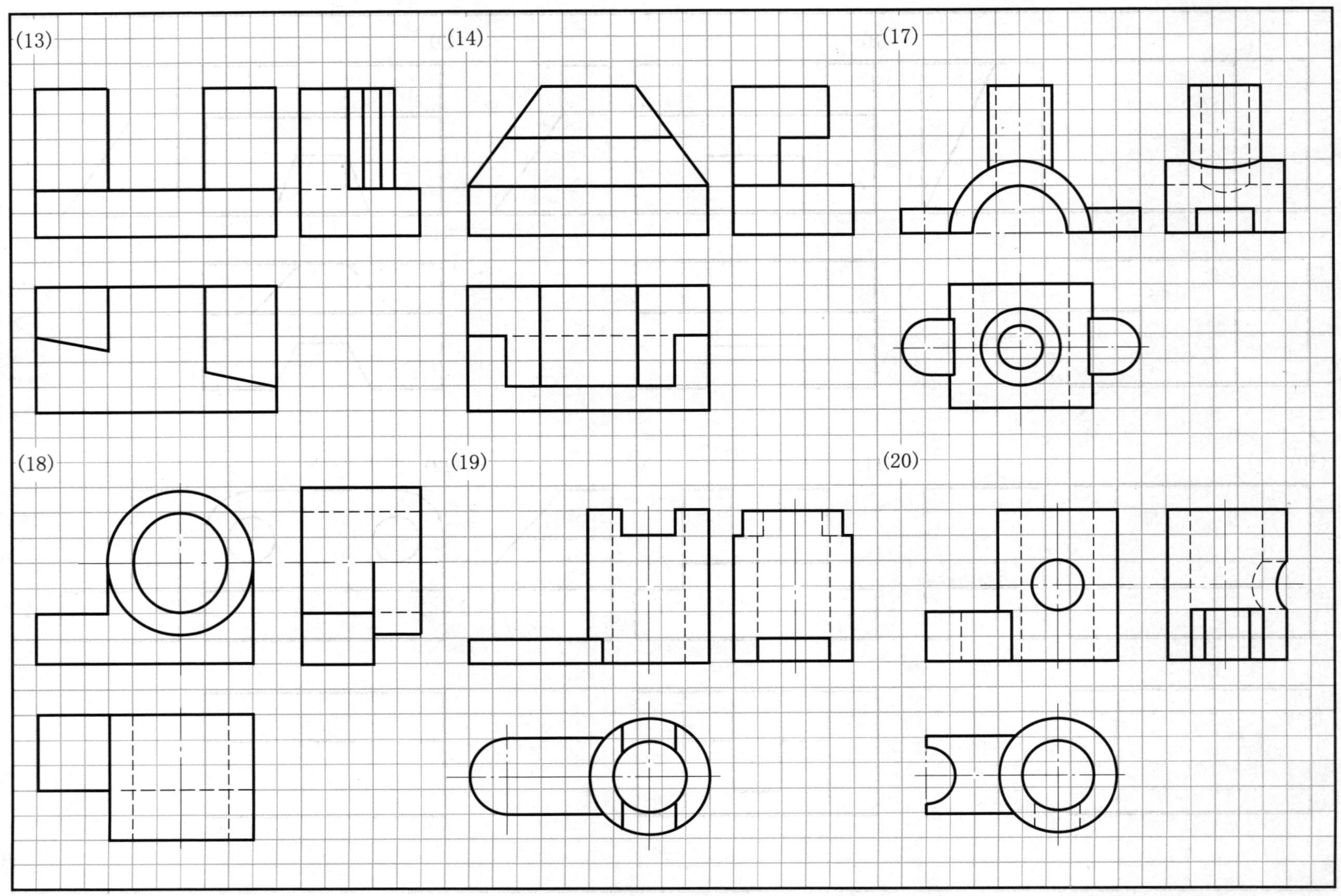

（习题册第 54 页）

5-8 标注尺寸（数值从视图中量取，取整数）

1.

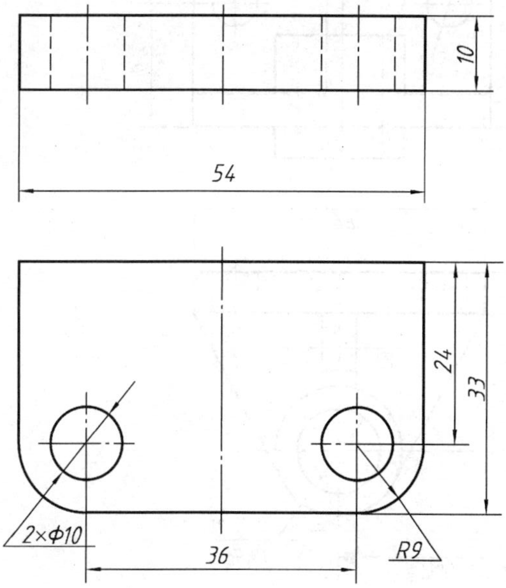

2.

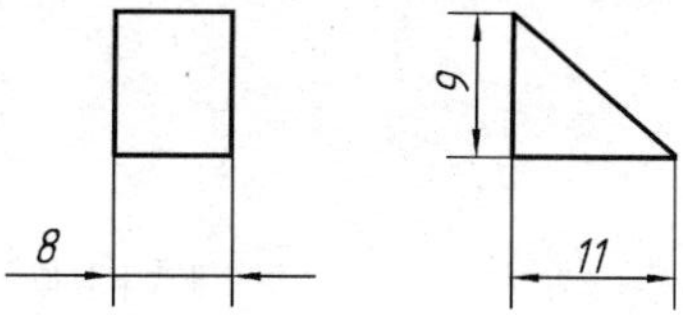

3.

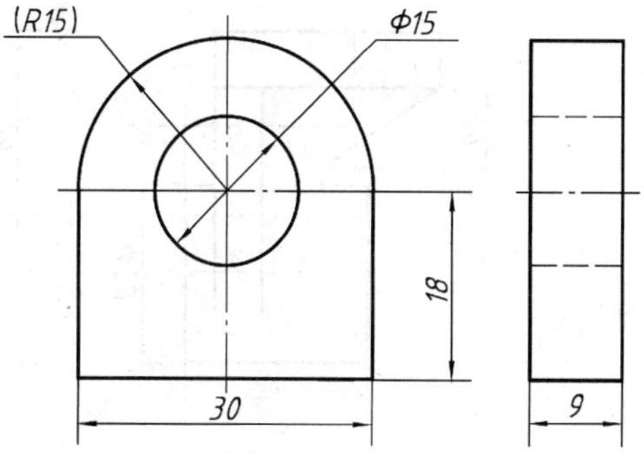

4.

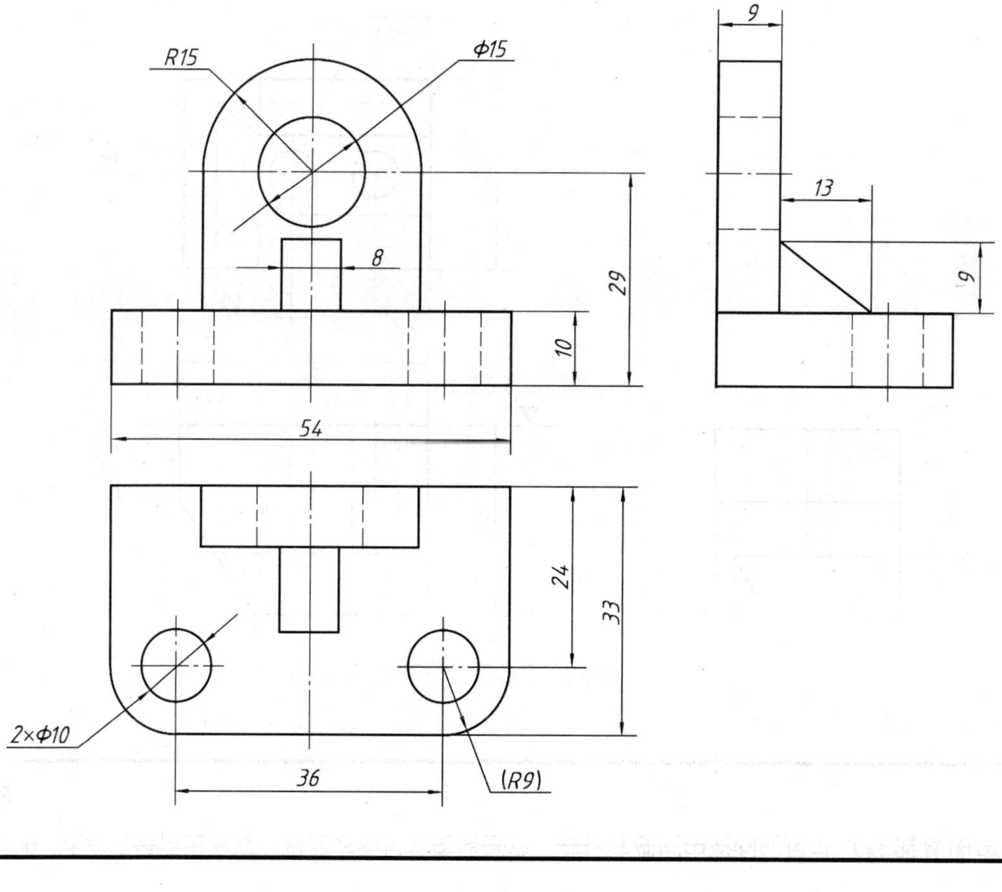

（习题册第 57 页）

5-9 用▲符号标出宽度、高度方向尺寸主要基准，并补注视图中遗漏的尺寸（数值从图中量取，取整数）

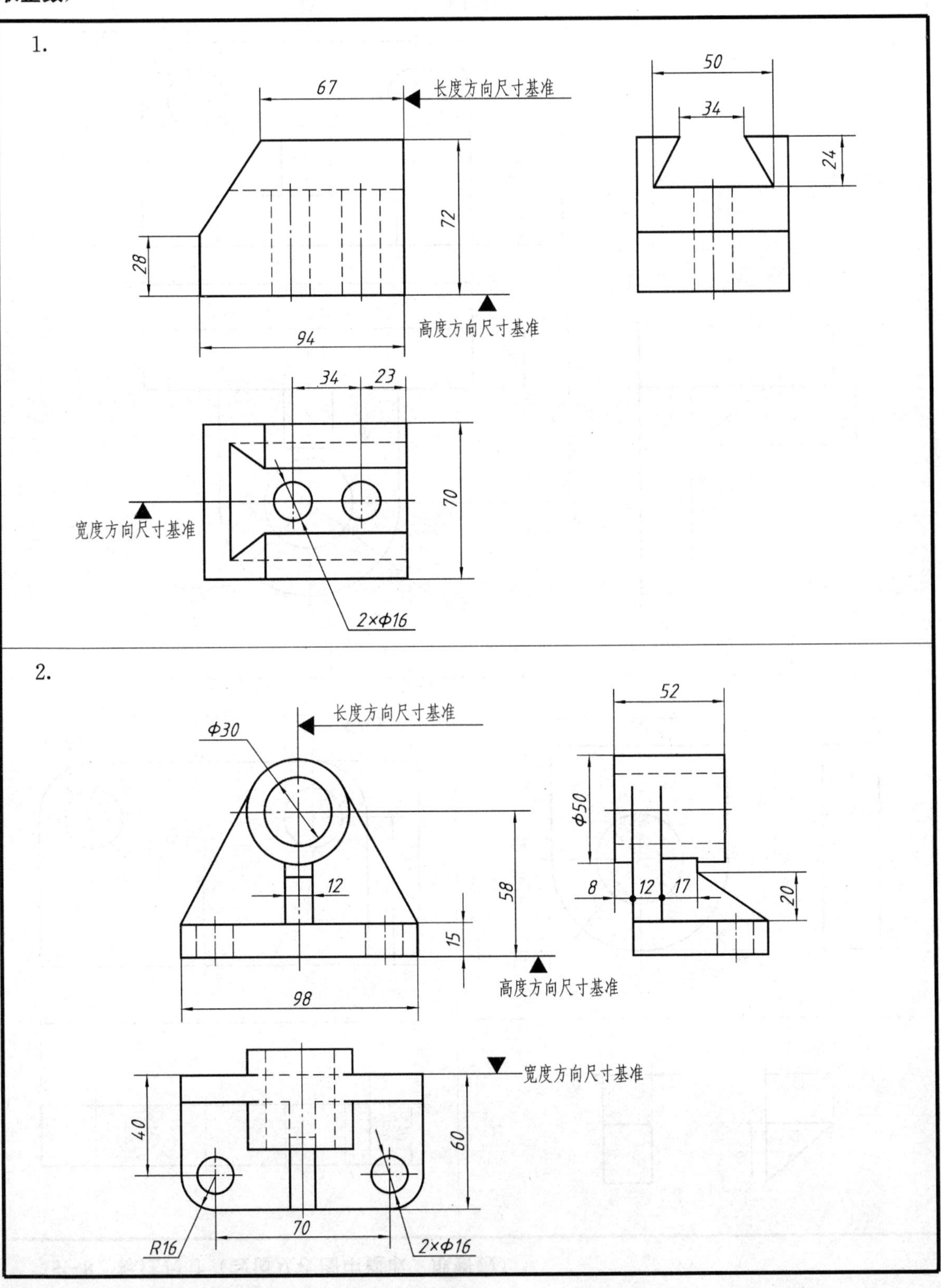

（习题册第 58 页）

5-10 标注组合体的尺寸，数值从视图中量取（取整数），并标出尺寸基准

1.

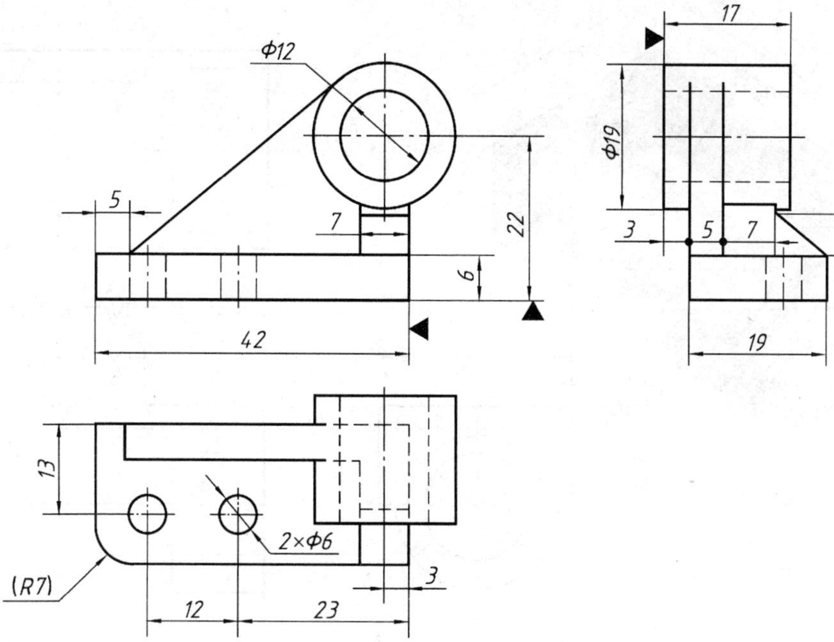

2.

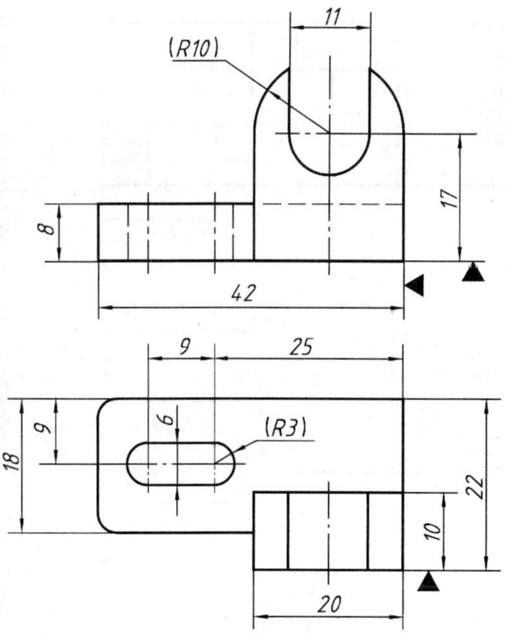

3.

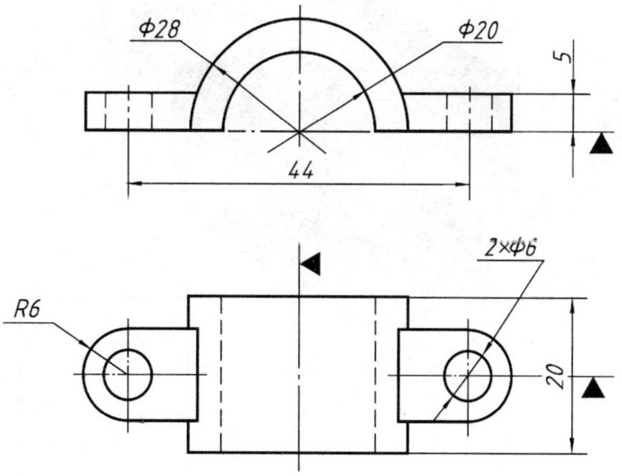

（习题册第 59 页）

5-11 画组合体的三视图，并标注尺寸

1.

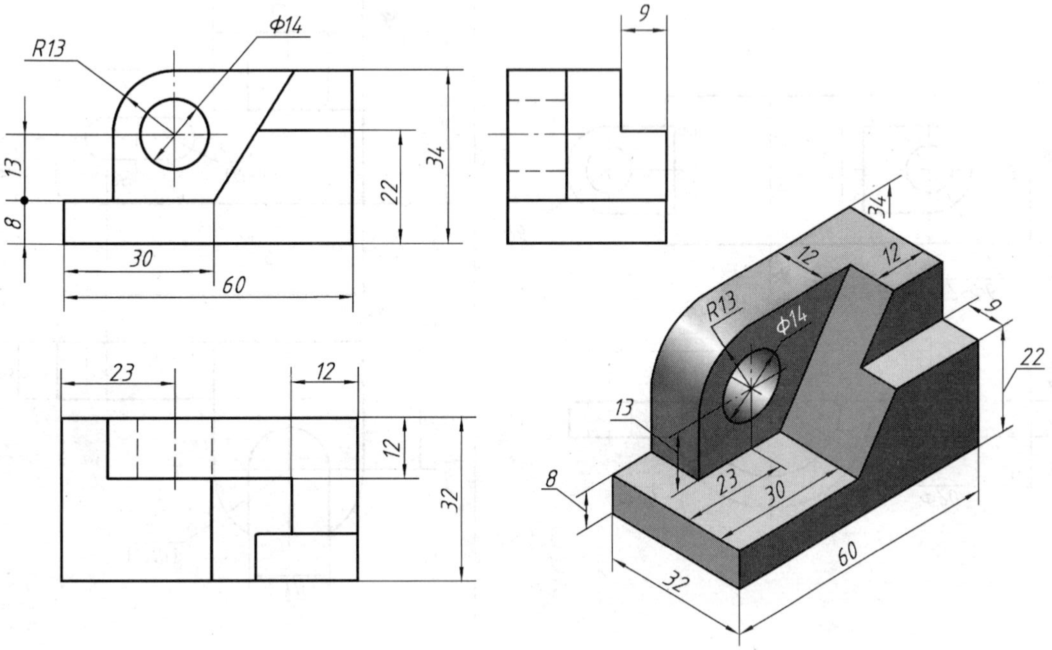

2.

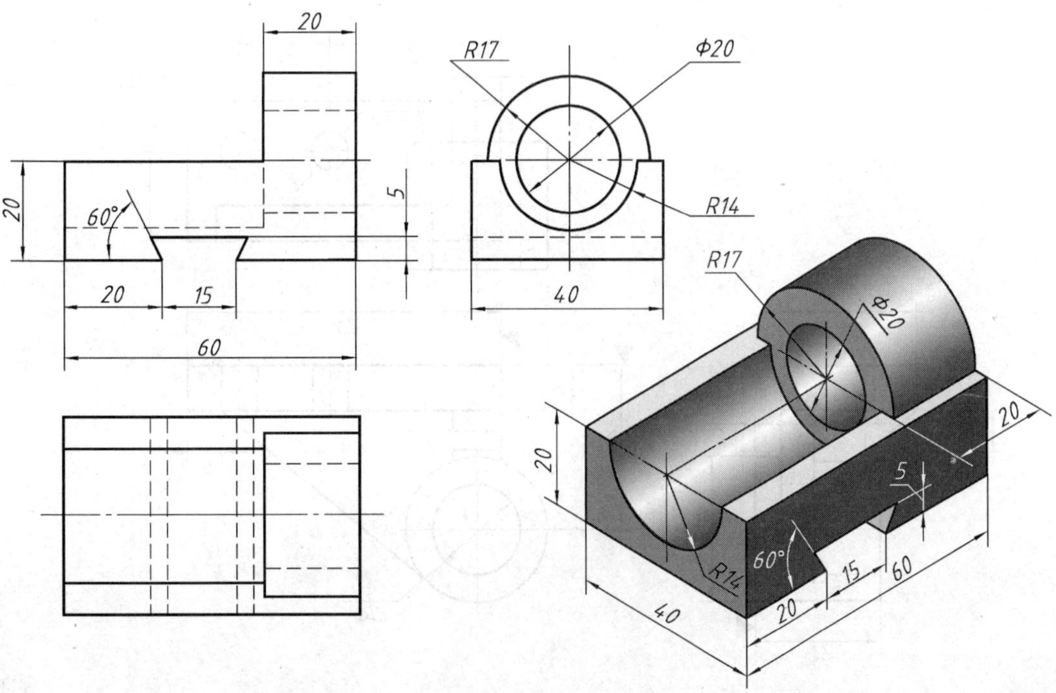

（习题册第 60 页）

54
34
2×Φ11
(R10)
16
22
R8
Φ30
Φ16
10
65
8
42
C3
30
20
设计
校核
审核
(材料)
比例
共 张 第 张
(单位)
组合体
(图号)

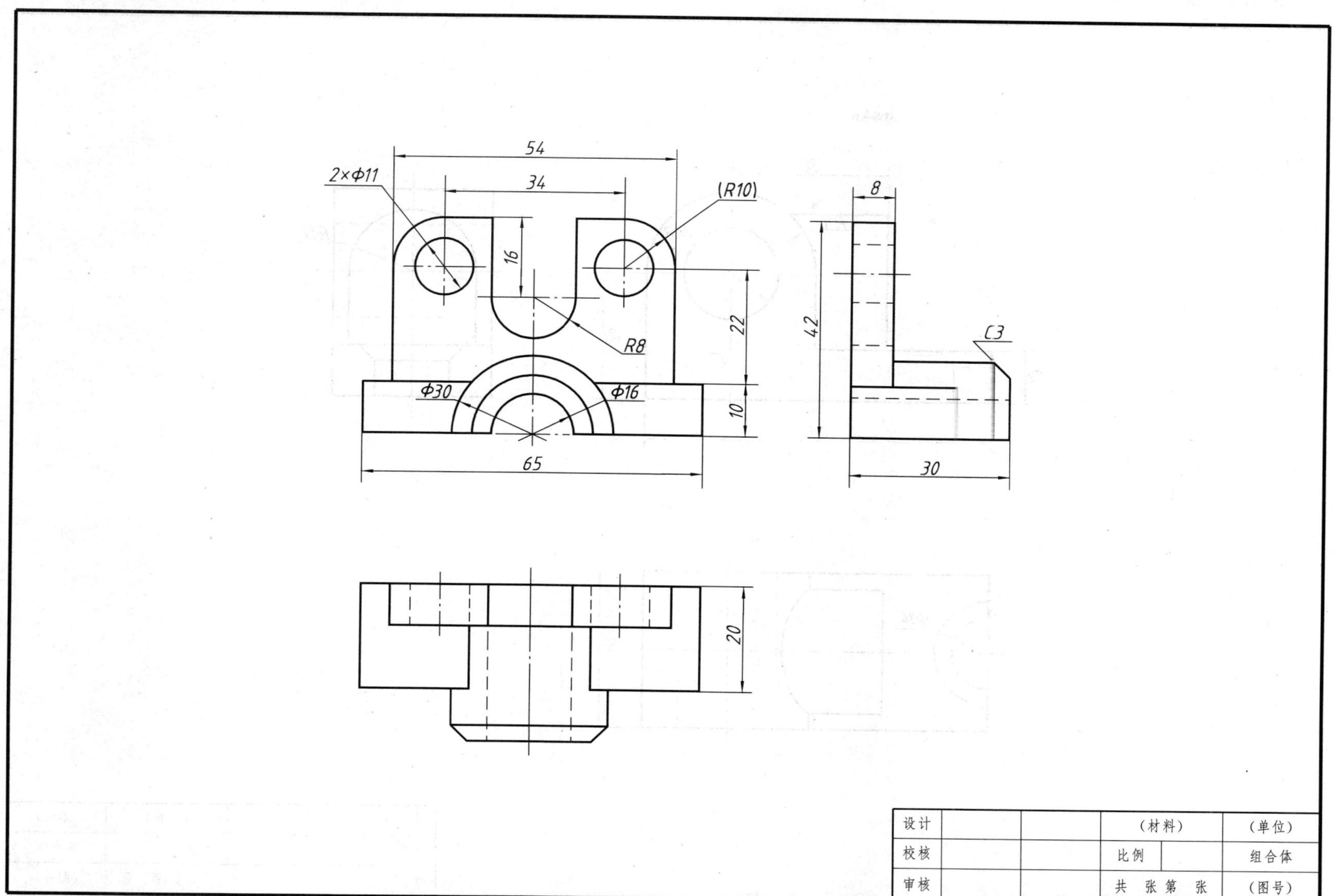

(习题册第 61 页)

5－12（续）

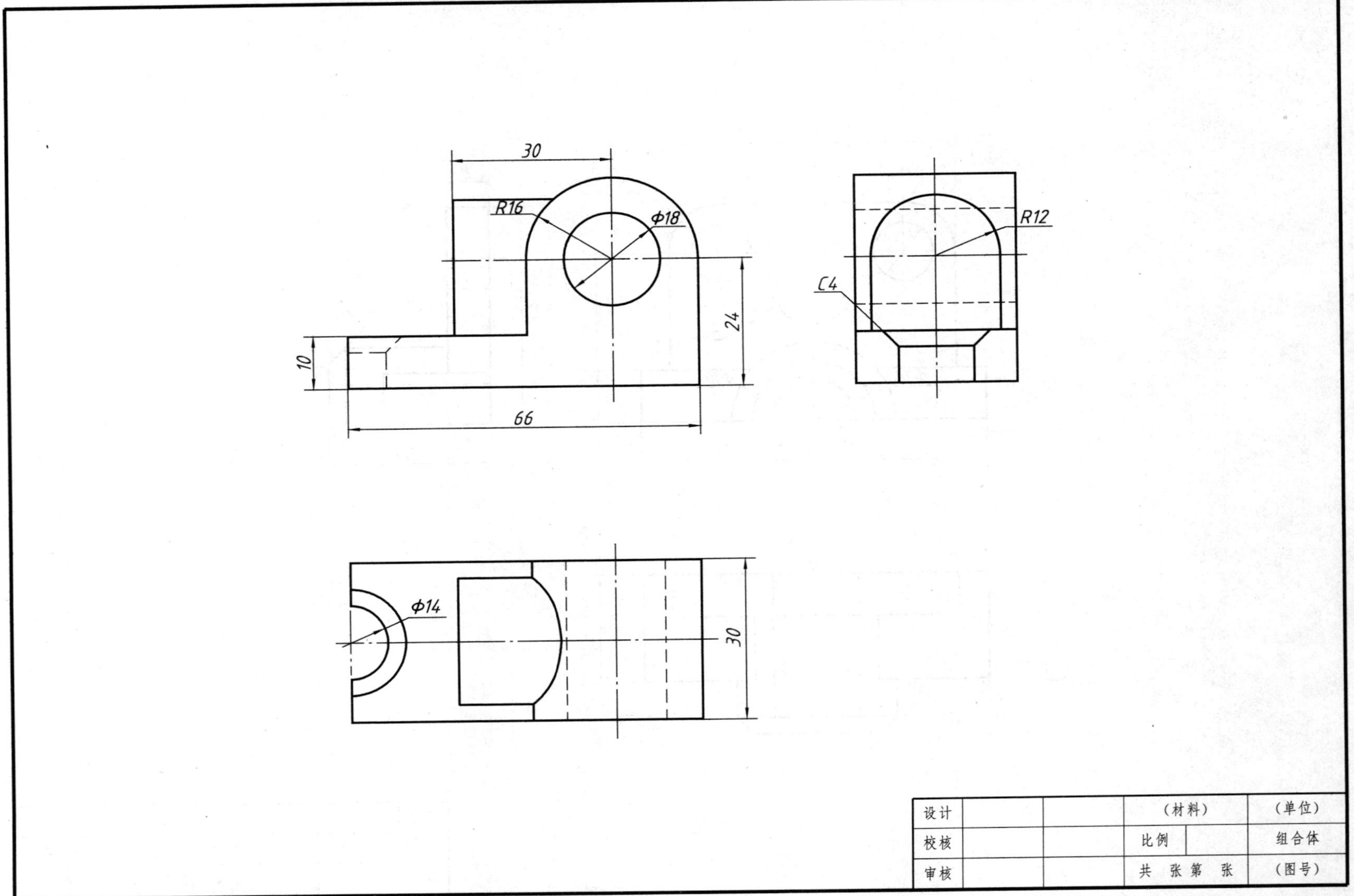

（习题册第 61 页）

5 - 13　参照轴测图，根据给出的主视图补画俯、左视图（立体的宽度为 10 mm）

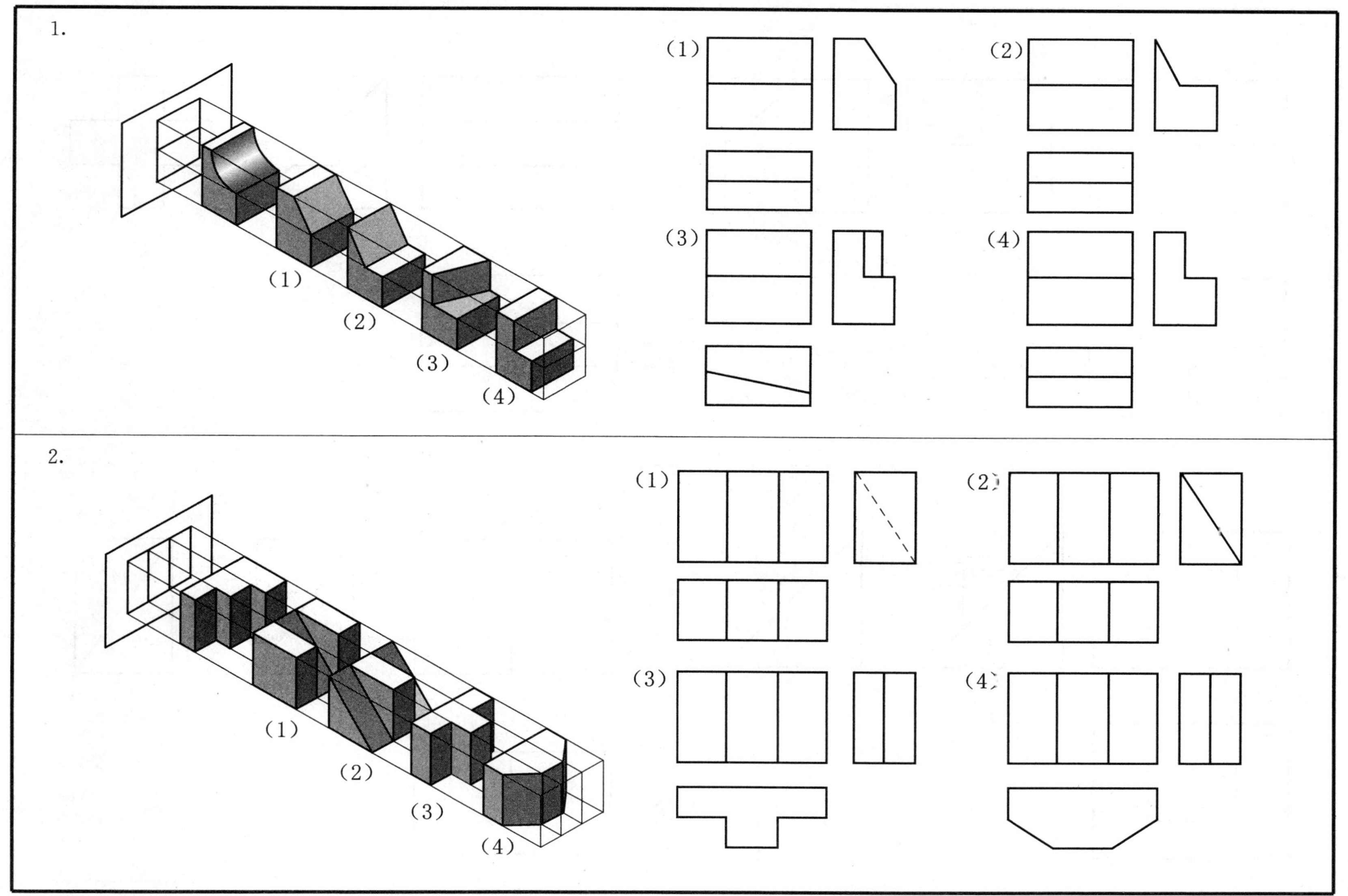

（习题册第 62 页）

5－15　根据给定的两个视图补画左视图（有多种答案，至少画出两个）

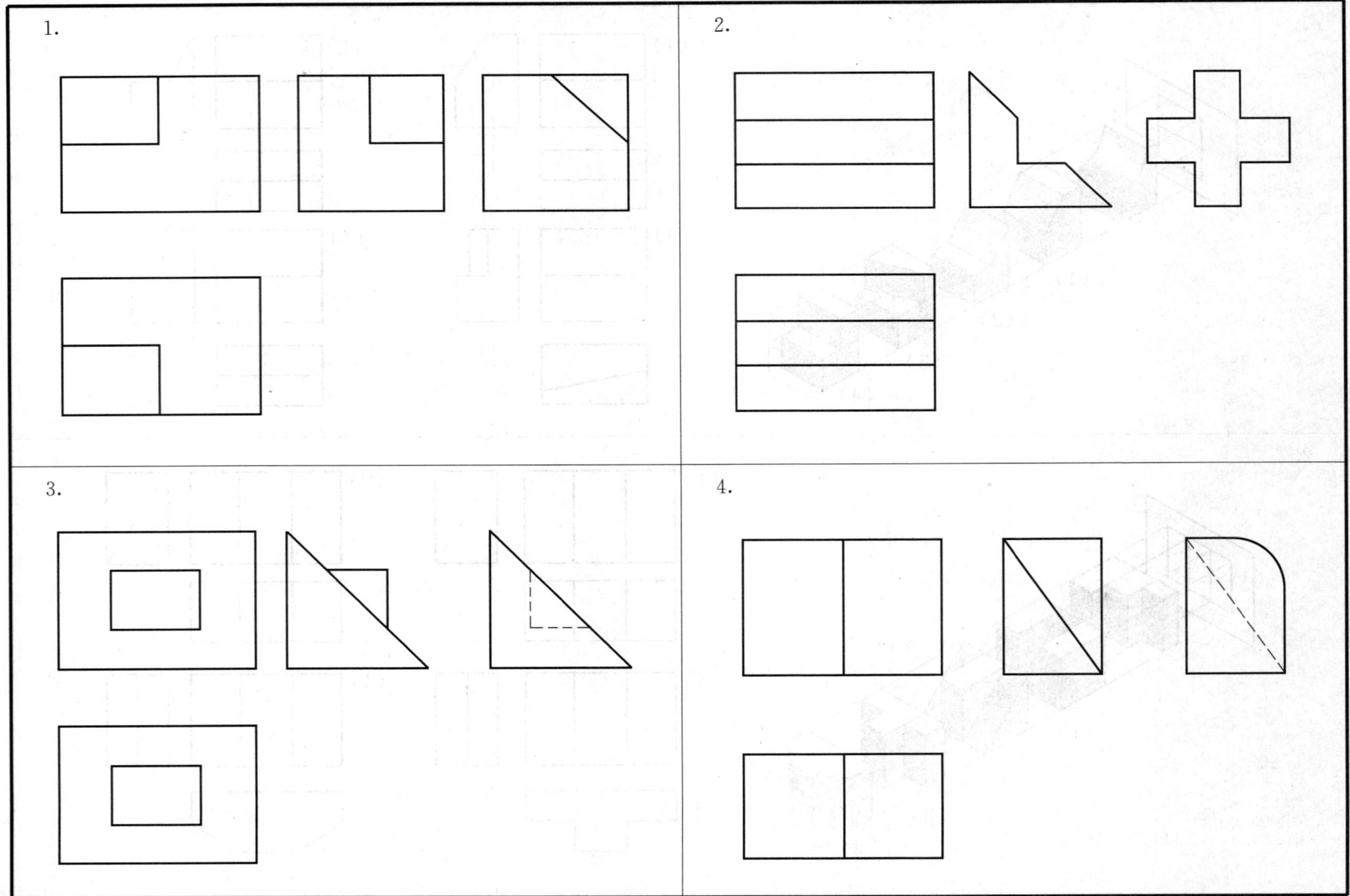

（习题册第 64 页）

5－16　根据两视图补画第三视图，并完成轴测草图

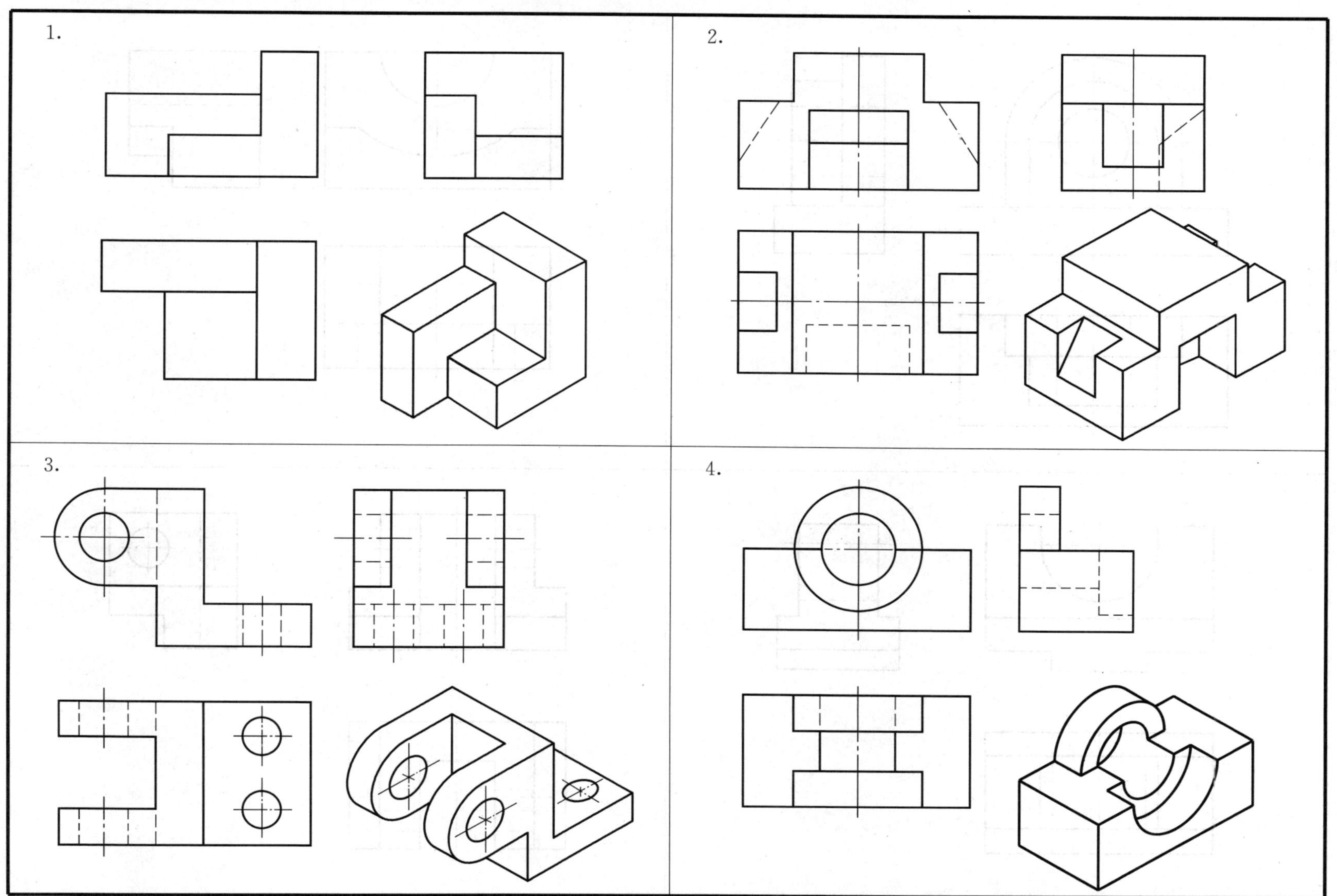

（习题册第 65 页）

5-17 由已知两视图补画第三视图（一）

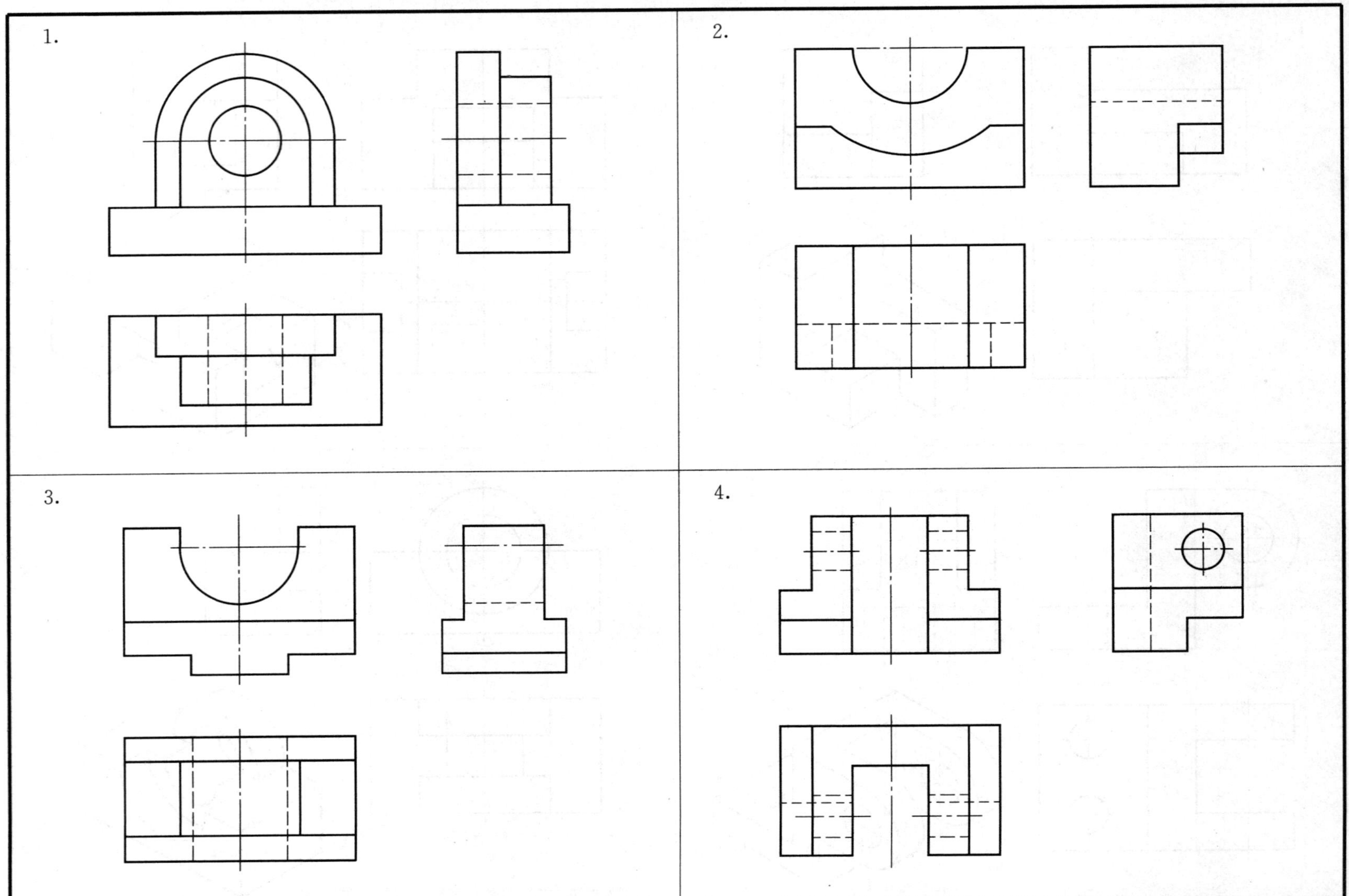

（习题册第 66 页）

5-18　由已知两视图补画第三视图（二）

1.

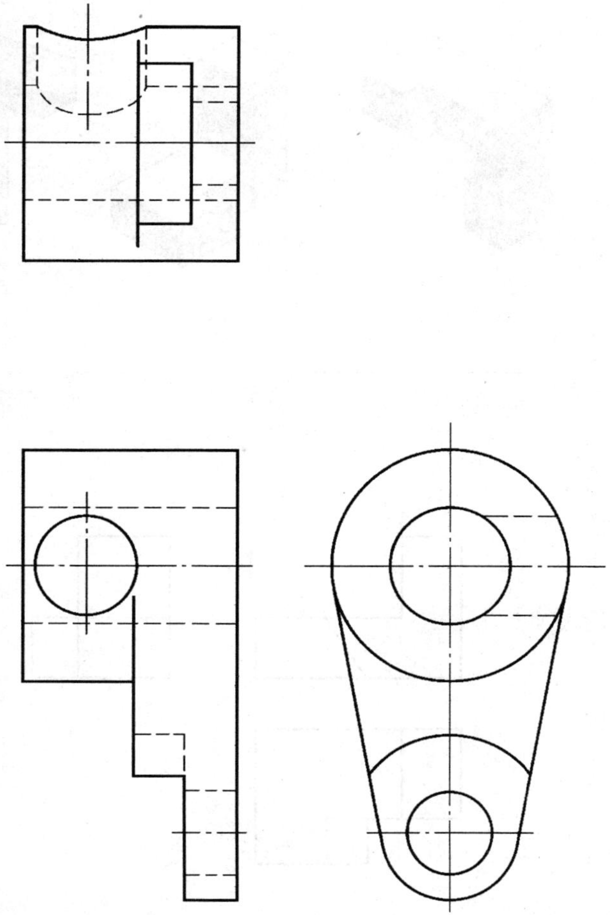

2.

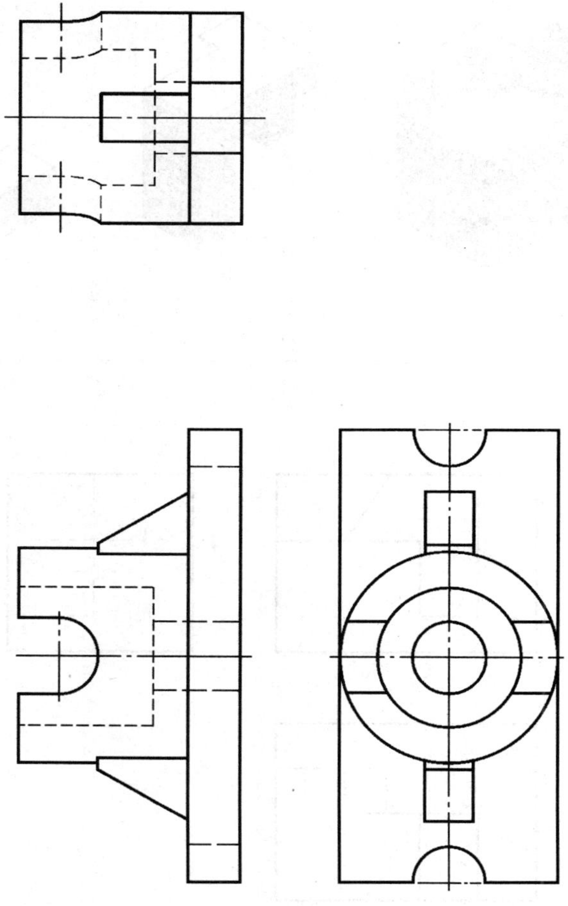

（习题册第 67 页）

5 - 19　思考并画图

已知一组合体 M（切割形成），试判断右边哪一个组合体可与组合体 M 构成完整的长方体，然后分别画出这两个组合体的三视图

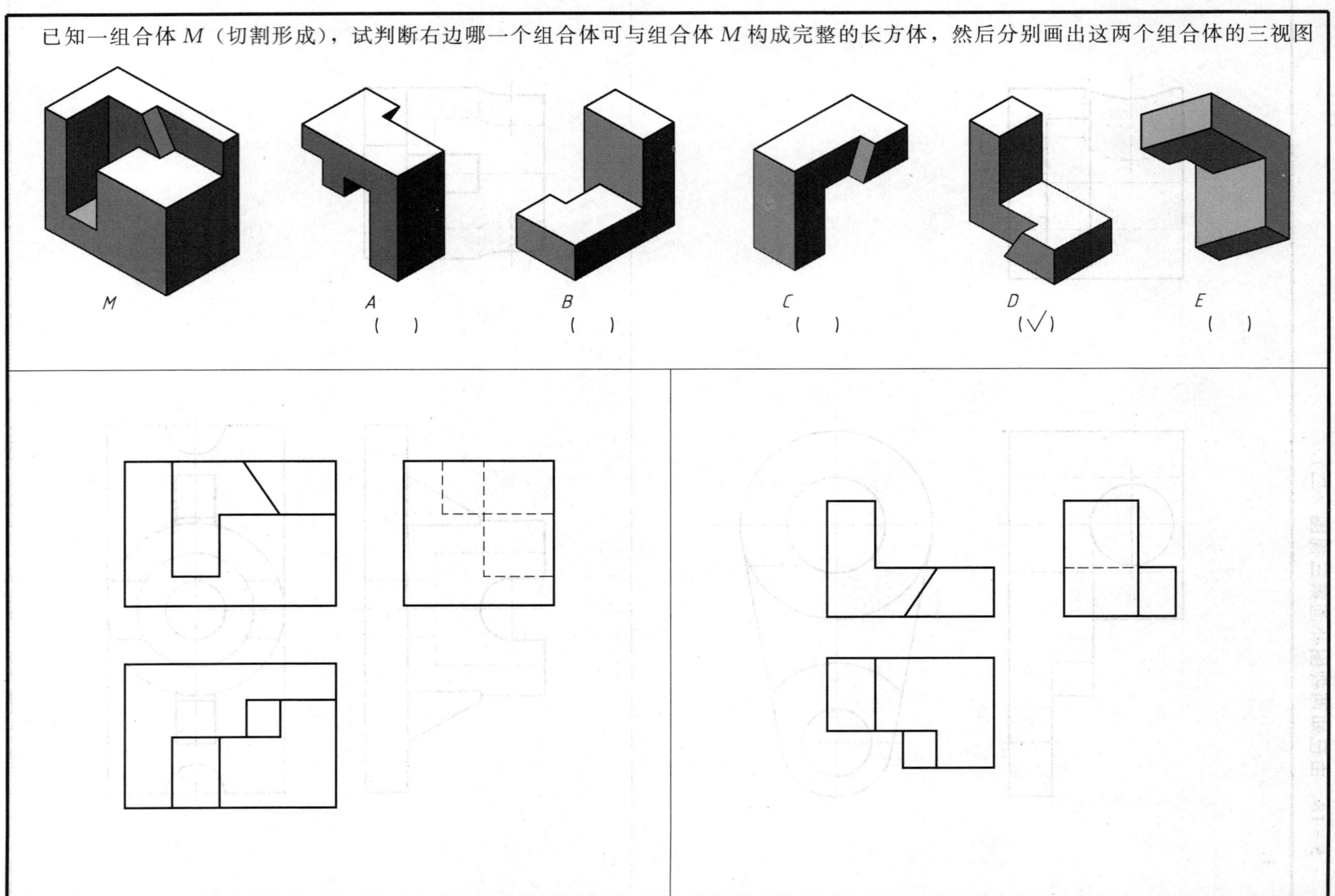

（习题册第 68 页）

5－20 由已知两视图补画第三视图，并画正等轴测图（任选两题：单号或双号）

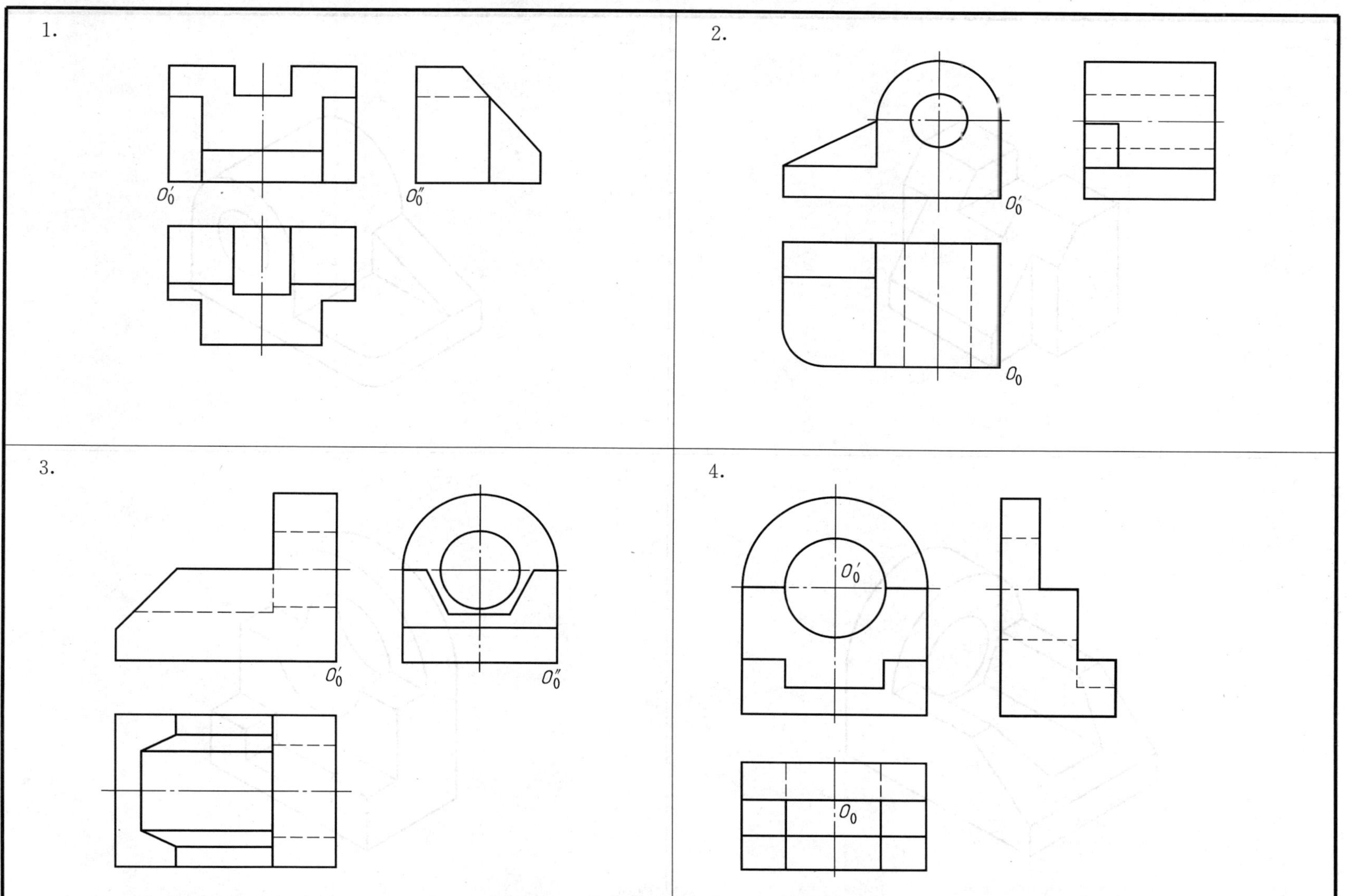

（习题册第 69 页）

5 – 20（续）

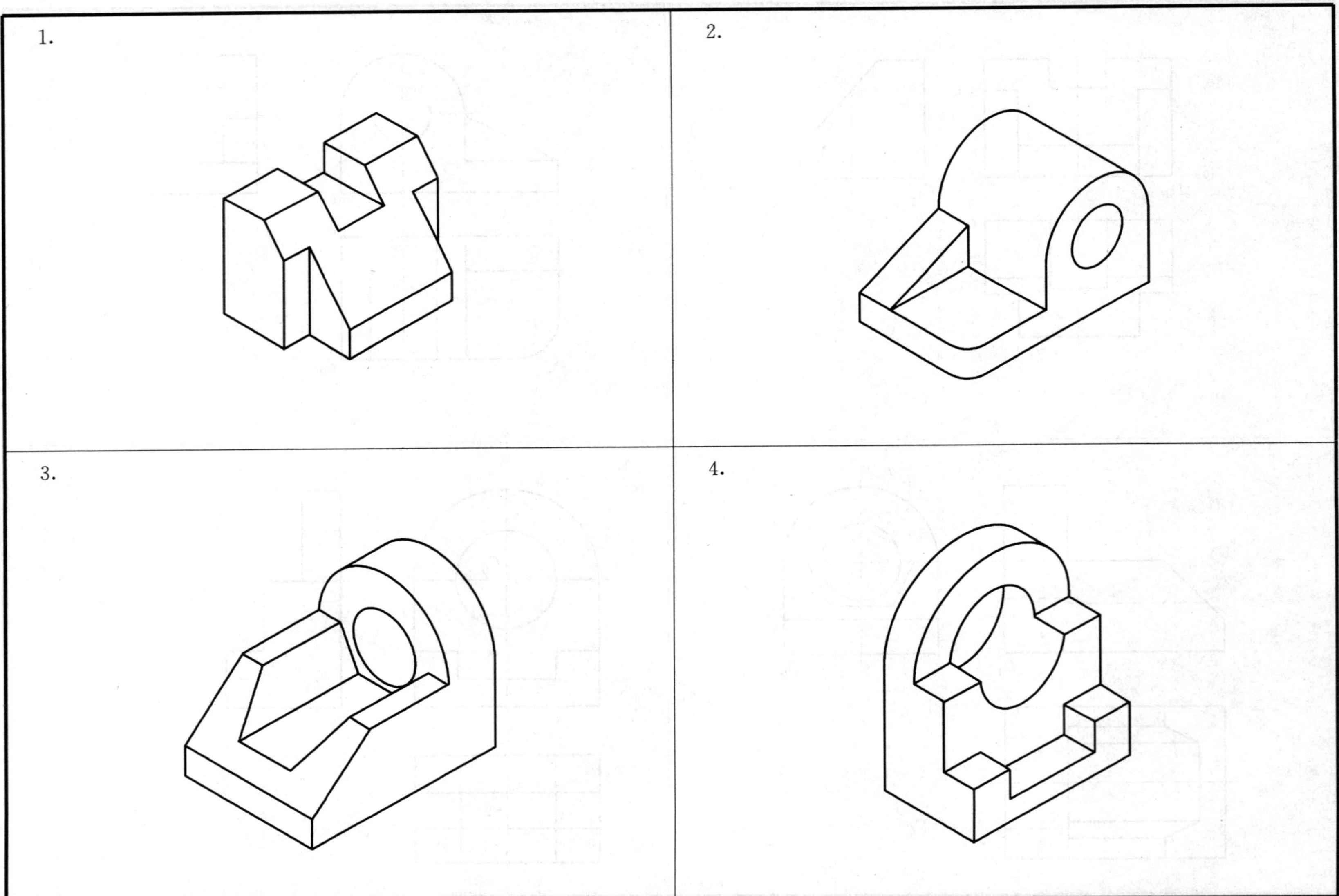

（习题册第 69 页）

5－21　由三视图画正等轴测图（徒手）

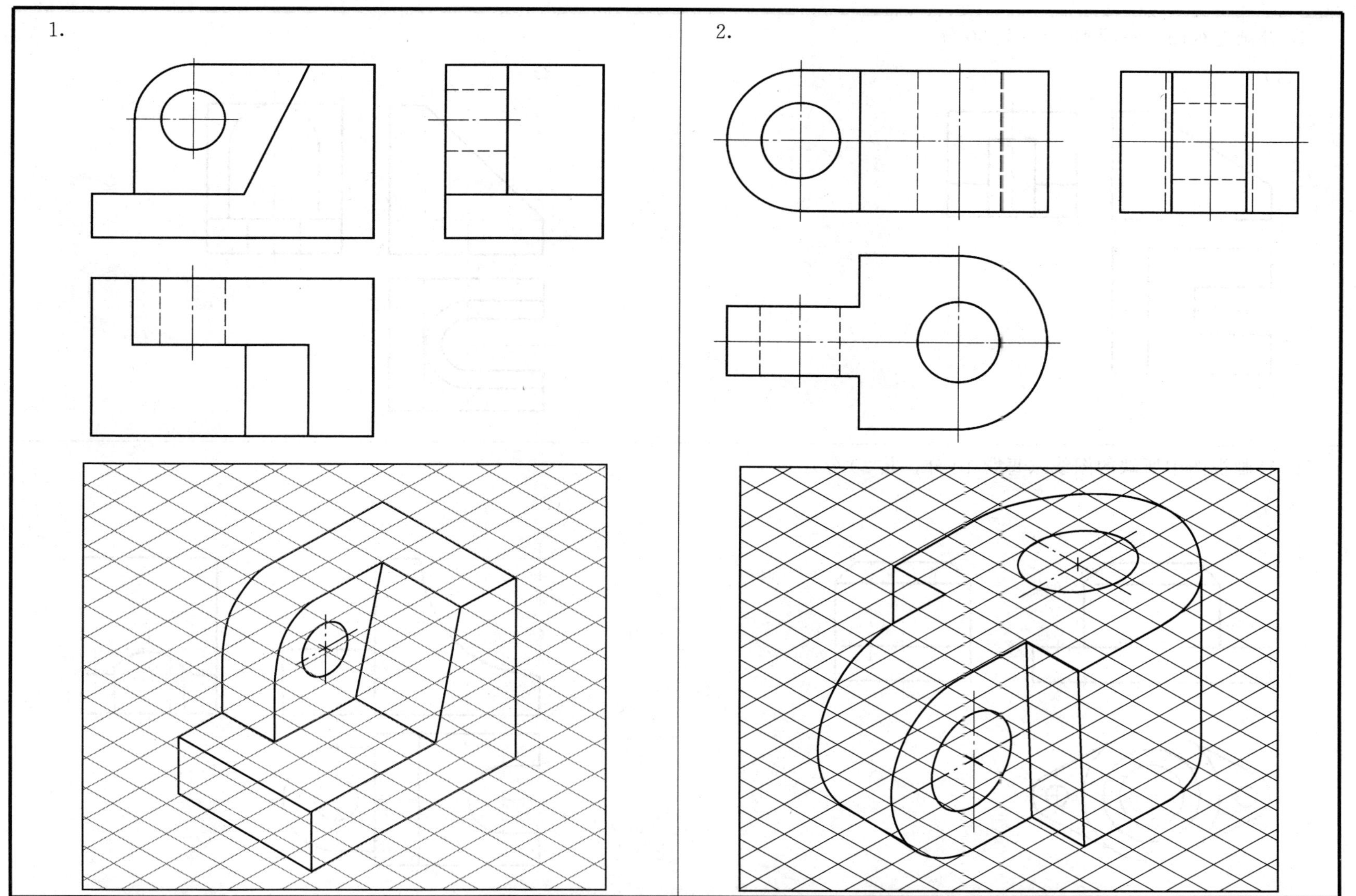

（习题册第 70 页）

1. 补画左视图（每题 15 分，共 30 分）

（1）

（2）

2. 补画视图中所缺的图线（每题 10 分，共 20 分）

（1）

（2）

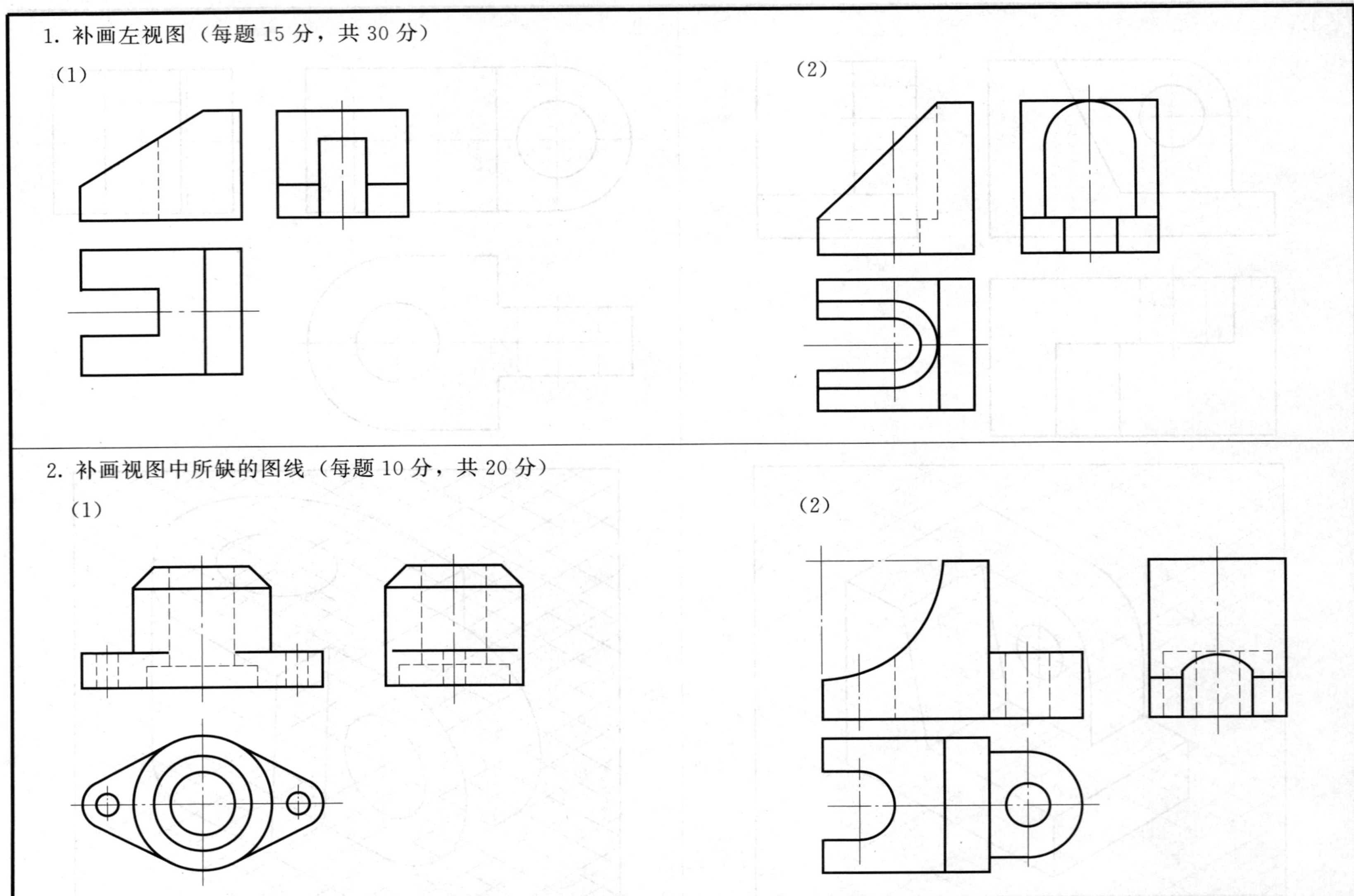

（习题册第 71 页）

3. 补画俯视图（15 分）

4. 根据给出的两视图选择正确的左视图（15 分）

5. 识读已知组合体视图，并标注尺寸（从图中量取，取整数）（20 分）

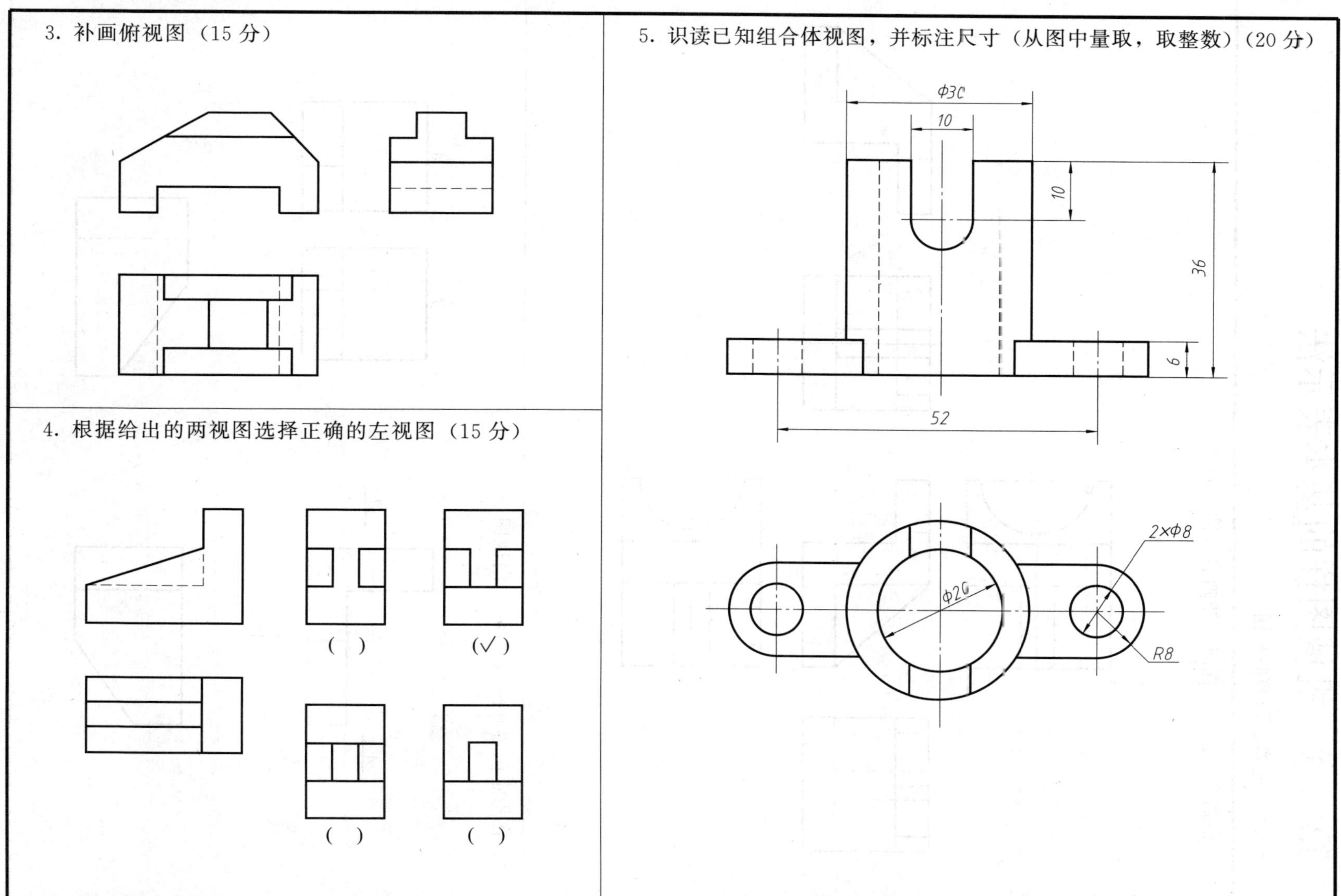

第六章　机械图样的基本表示法

6-1　基本视图和向视图

1. 根据主、俯、左视图，补画右、仰、后视图

2. 在指定位置画出 A、B、C 向视图

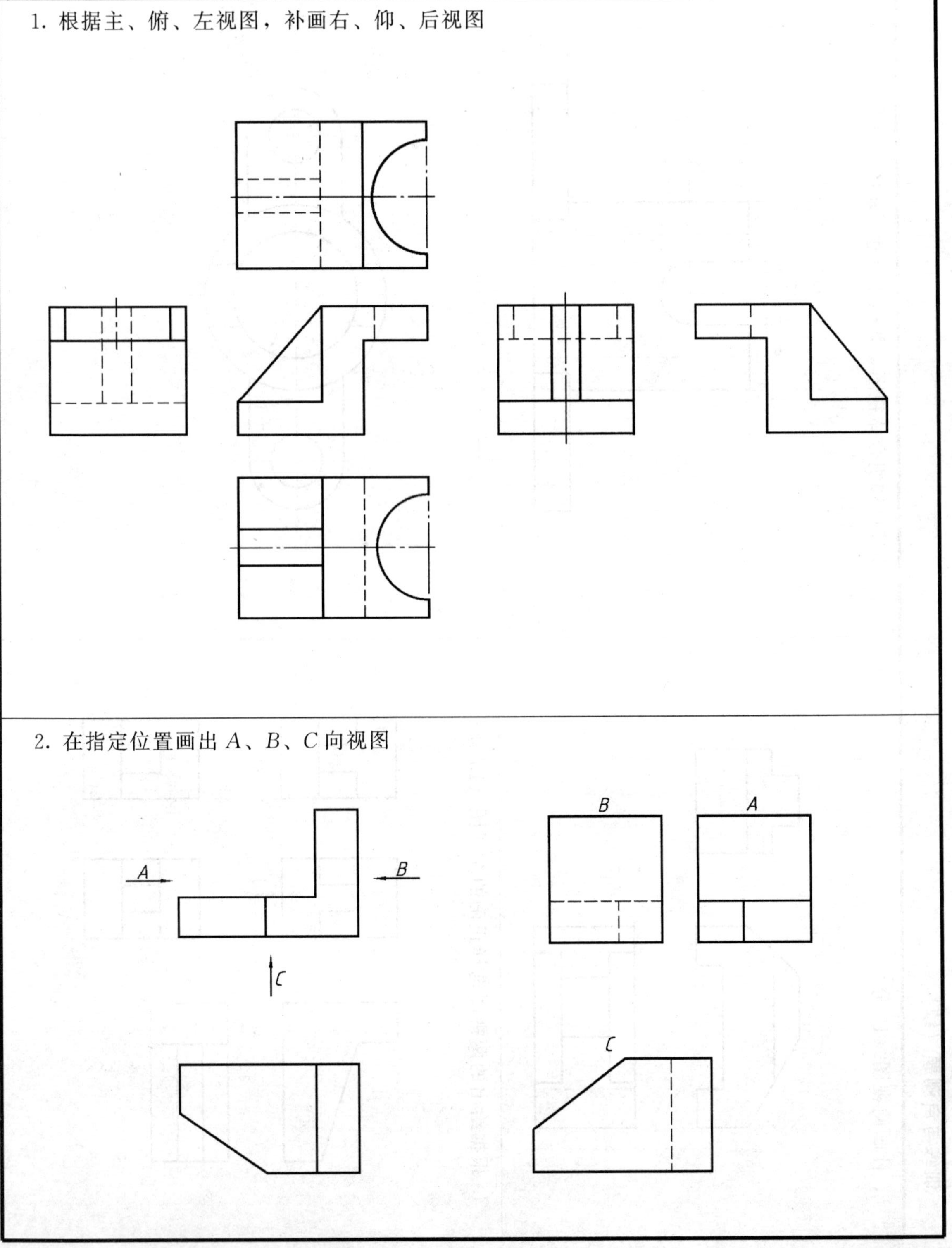

（习题册第 73 页）

6-2 局部视图和斜视图（一）

1. 在指定位置作局部视图和斜视图

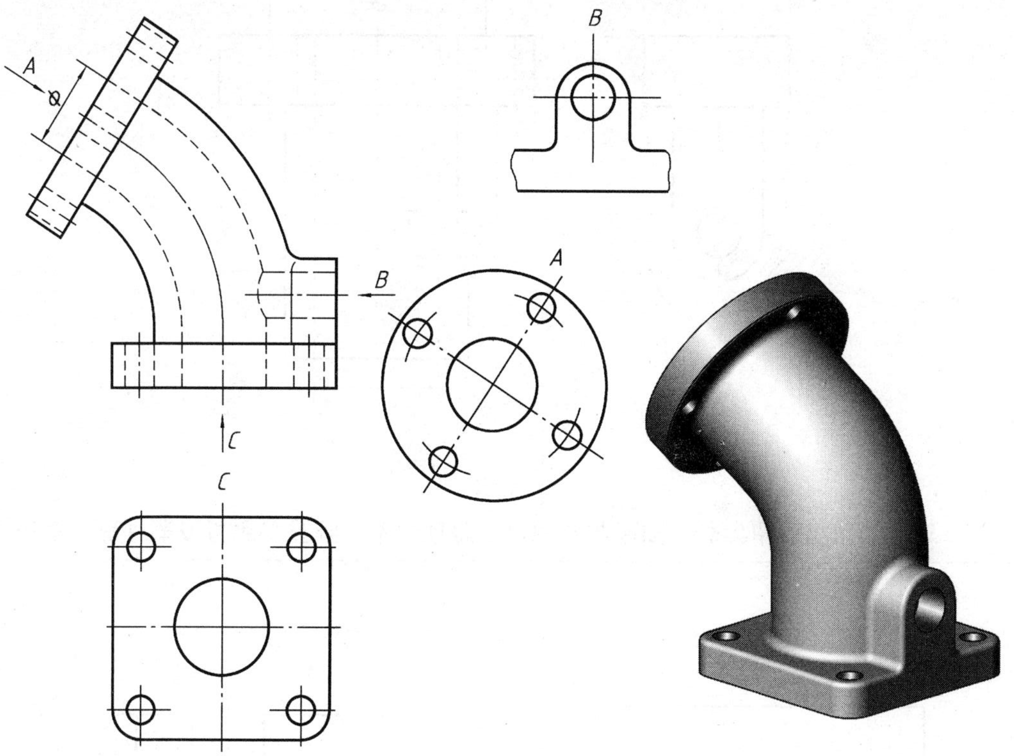

2. 参照轴测图，作斜视图和局部视图，并按规定标注（除所给尺寸外，其余均可在主视图上量取）

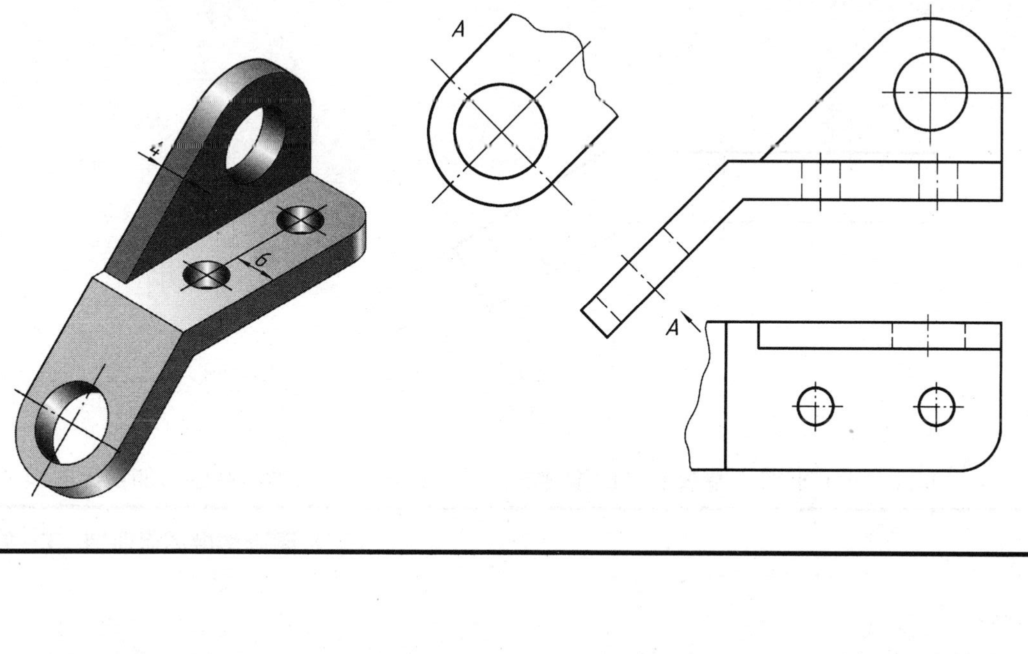

（习题册第 74 页）

6-3 局部视图和斜视图（二）

1. 读懂弯板的各部分形状后，完成局部视图和斜视图，并按规定标注（不注尺寸）

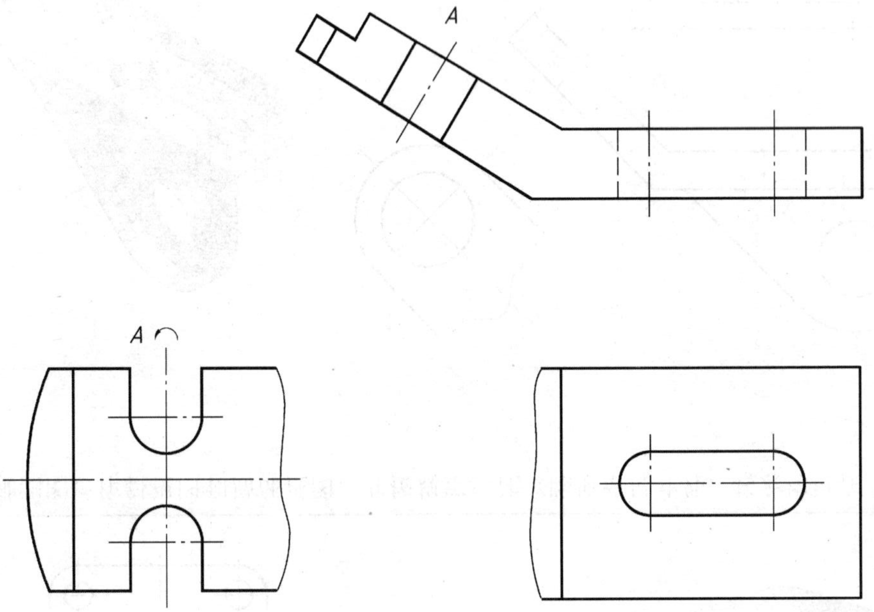

A

A

2. 按第三角画法在指定位置画出支座右部凸台的局部视图，并考虑是否需要标注

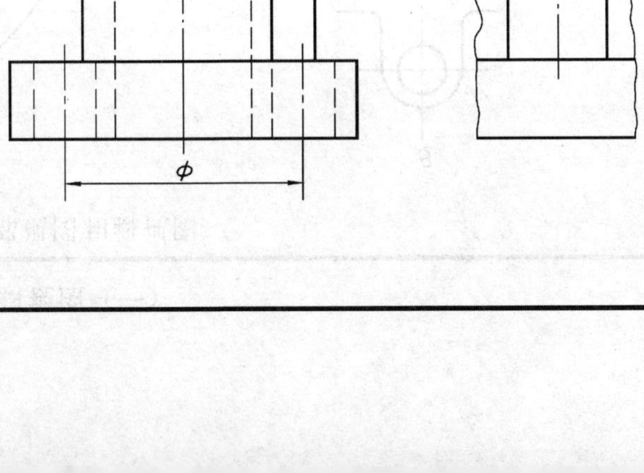

φ

φ

A

A

φ

（习题册第 75 页）

6-4 剖视概念（一）

1. 将主视图画成全剖视图

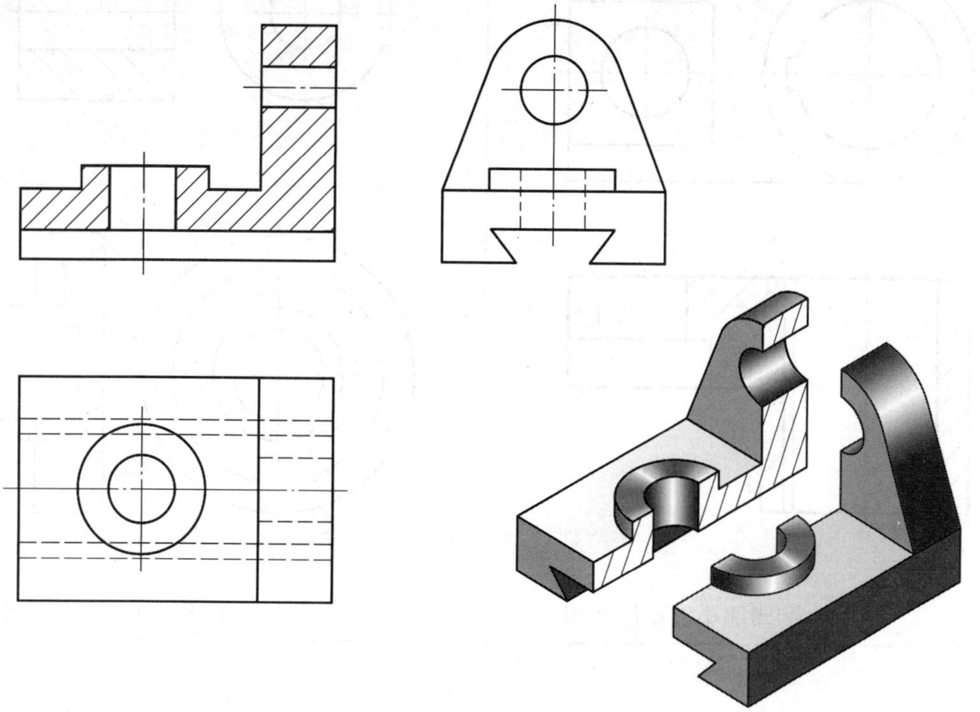

2. 补全主视图中的漏线

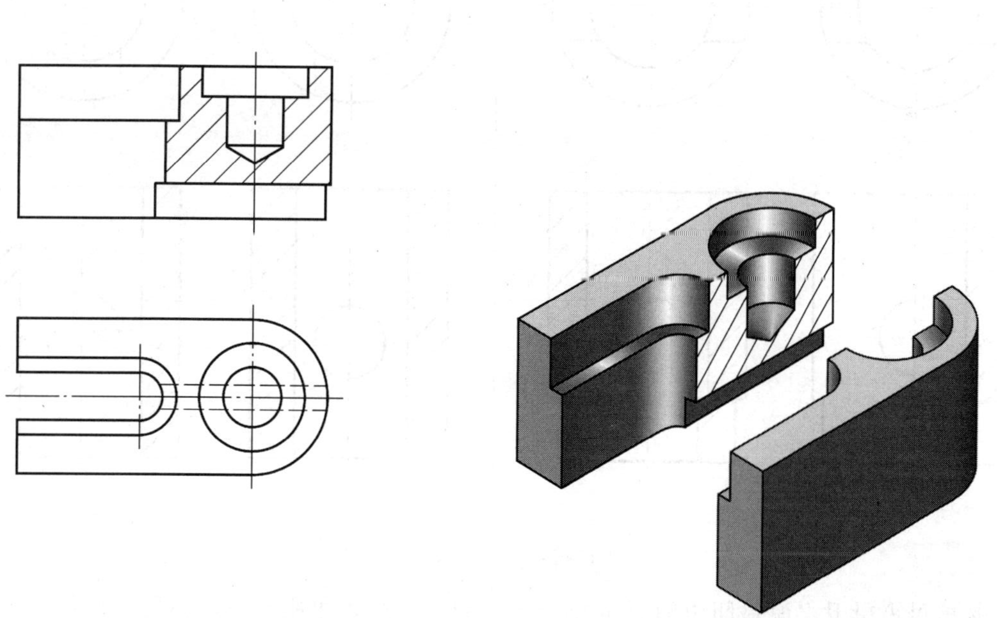

（习题册第 76 页）

6-5 剖视概念（二）

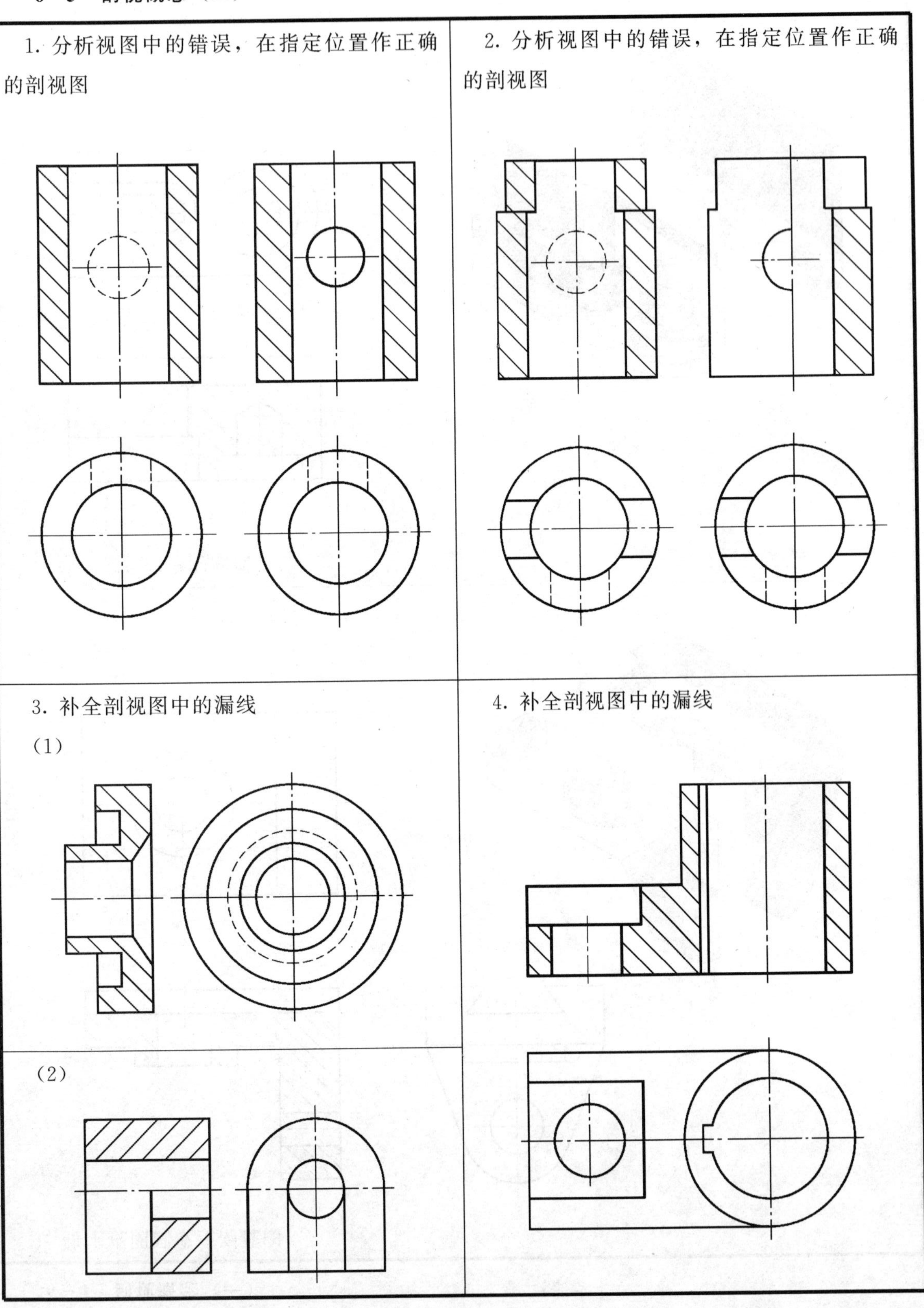

（习题册第 77 页）

6-6　半剖视图（一）

1. 将主视图画成半剖视图，左视图画成全剖视图

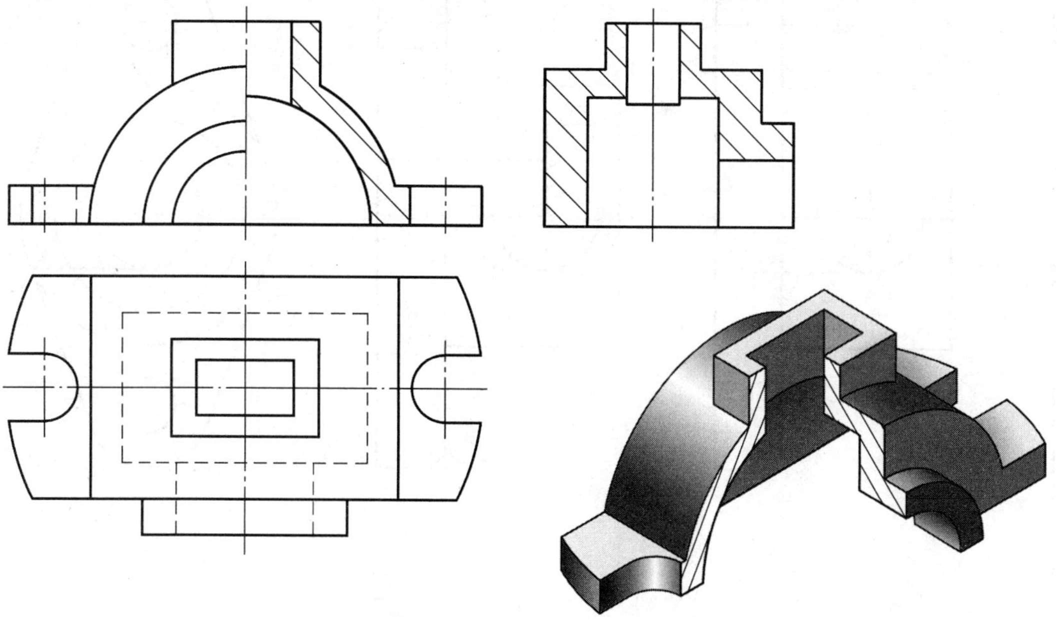

2. 补全主视图中的漏线

（1）

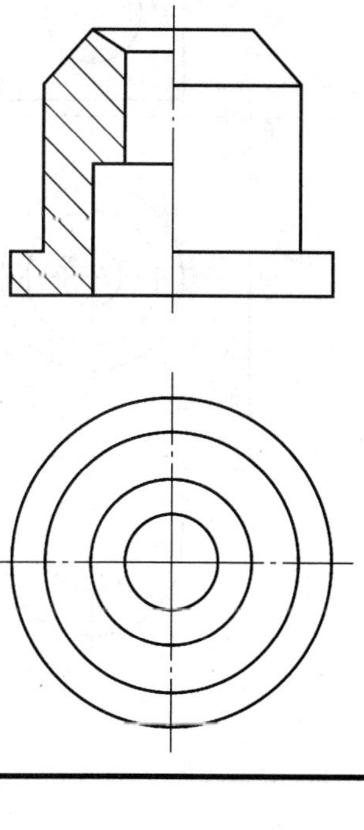

（2）

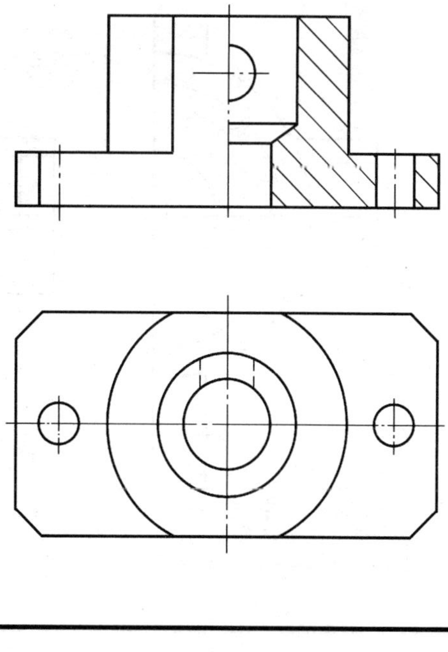

（习题册第 78 页）

6-7 半剖视图（二）——在指定位置将主视图改画成半剖视图

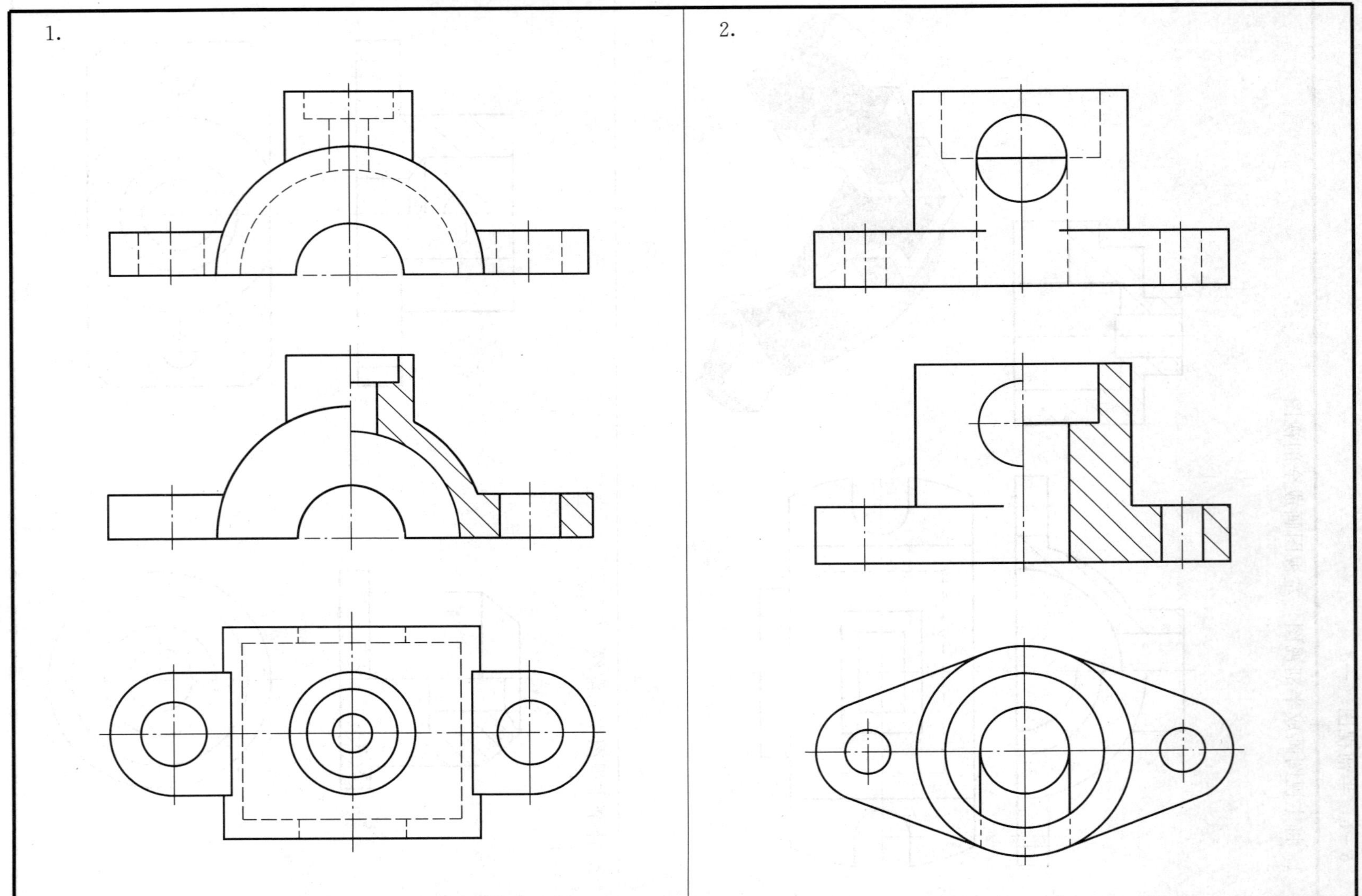

（习题册第 79 页）

6-9 局部剖视图

1. 将主视图改画为恰当的局部剖视图

2. 将主、左视图改画为恰当的局部剖视图

3. 在给出的图框内完成带局部剖视的主、俯视图

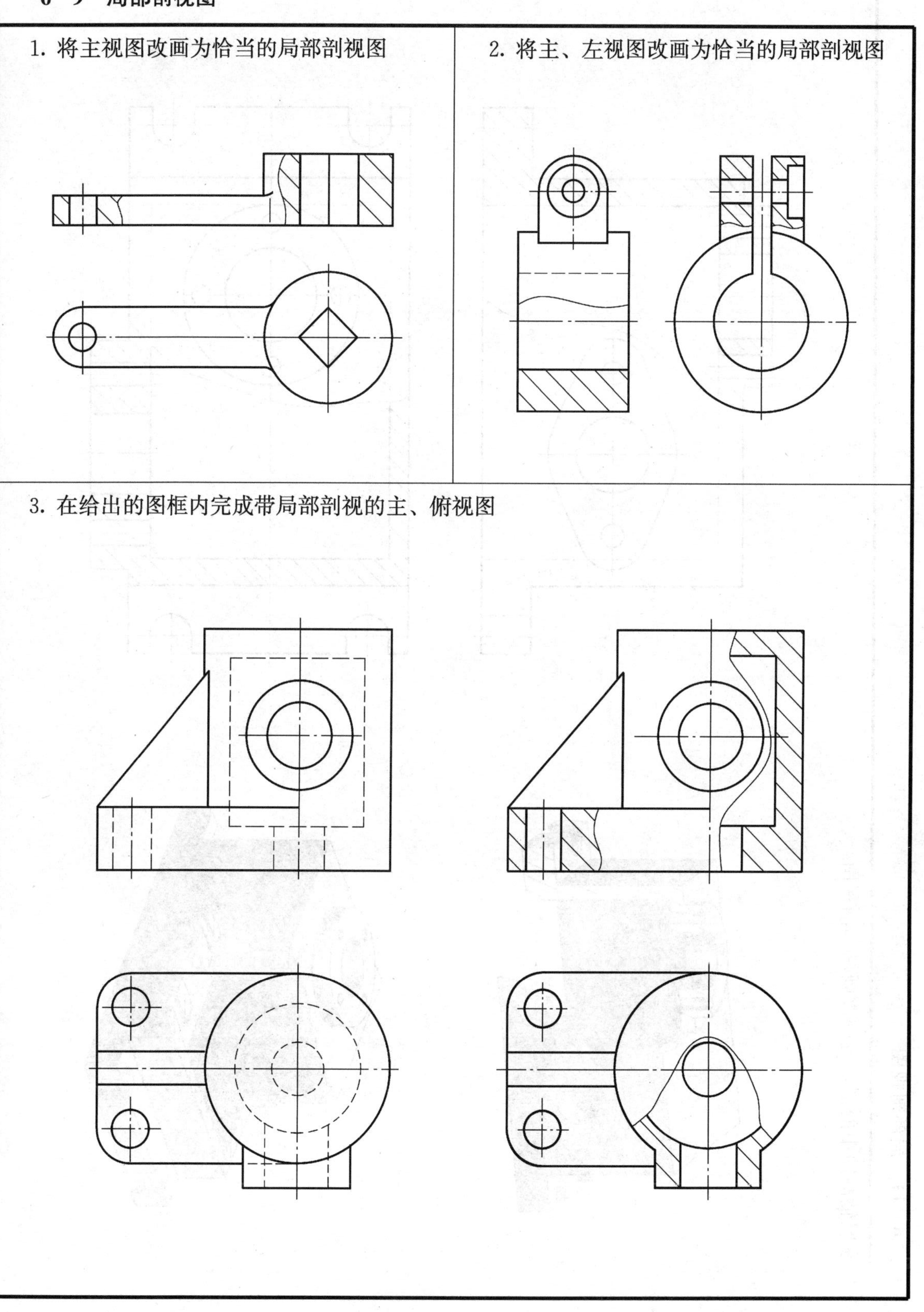

（习题册第 81 页）

*6－11　局部剖视图

参照轴测图中的剖切范围改画局部剖视图

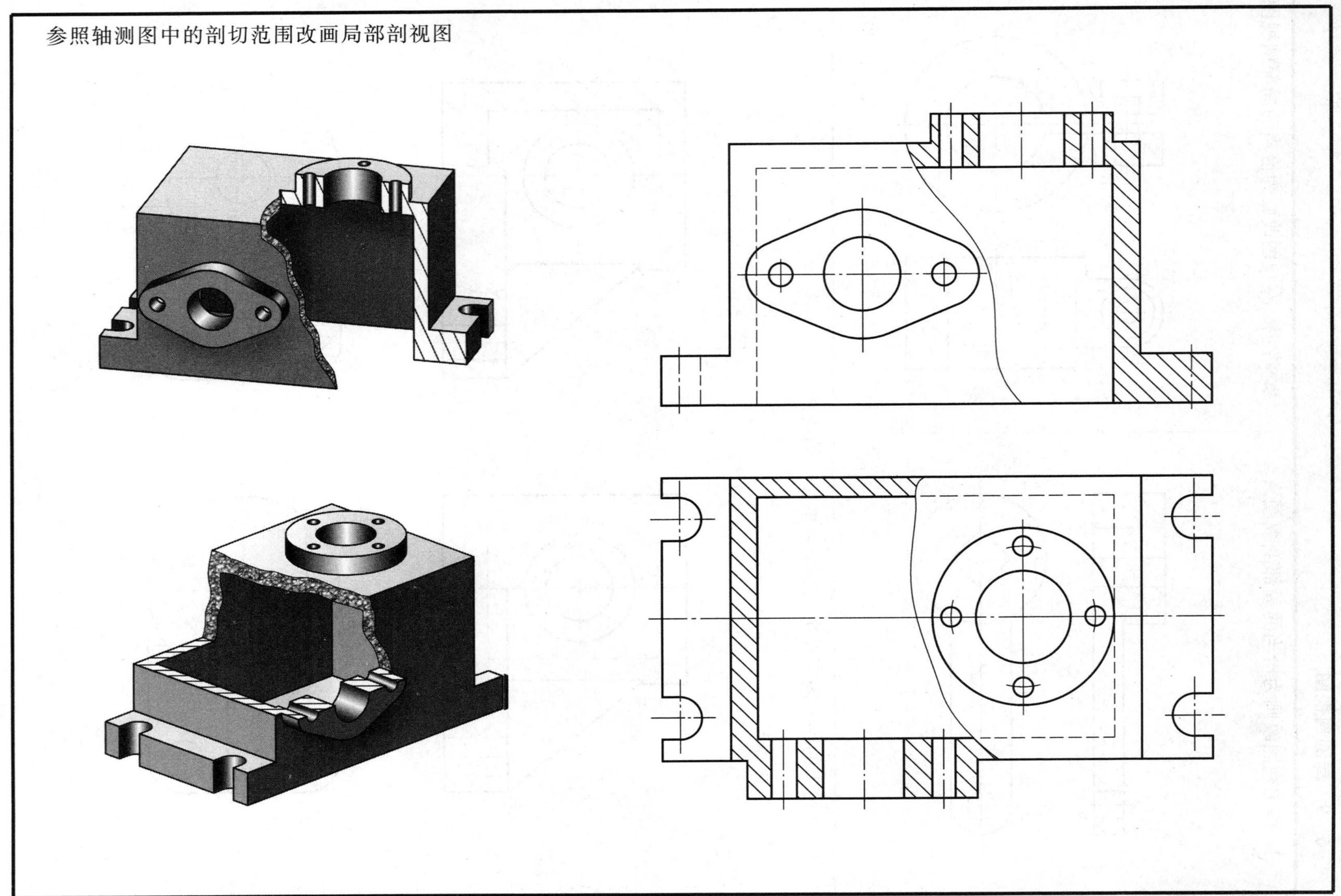

（习题册第 83 页）

6－12　根据轴测图徒手画出主、俯视图，并将主视图画成半剖视图

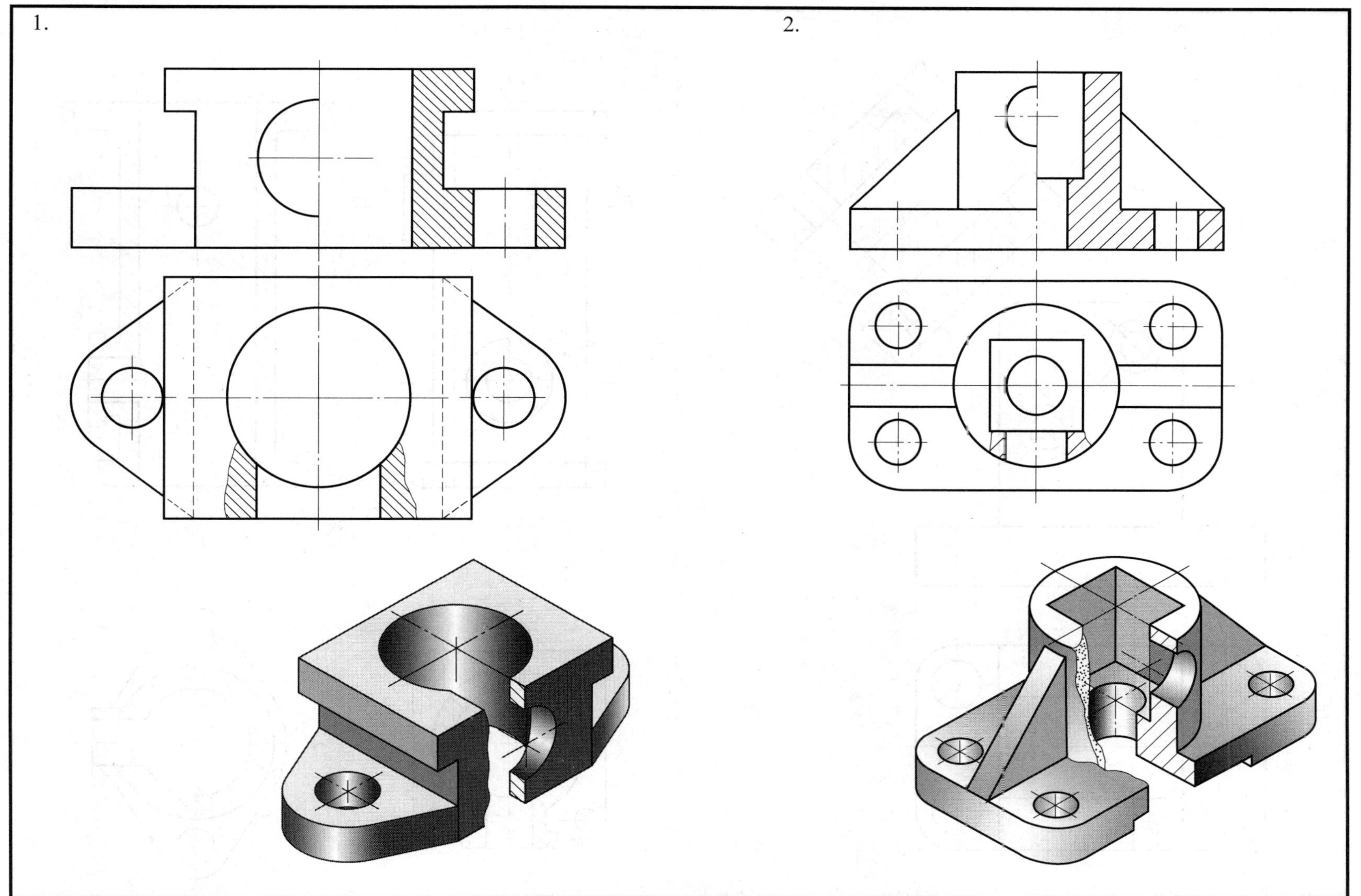

（习题册第 84 页）

6-13 单一剖切平面

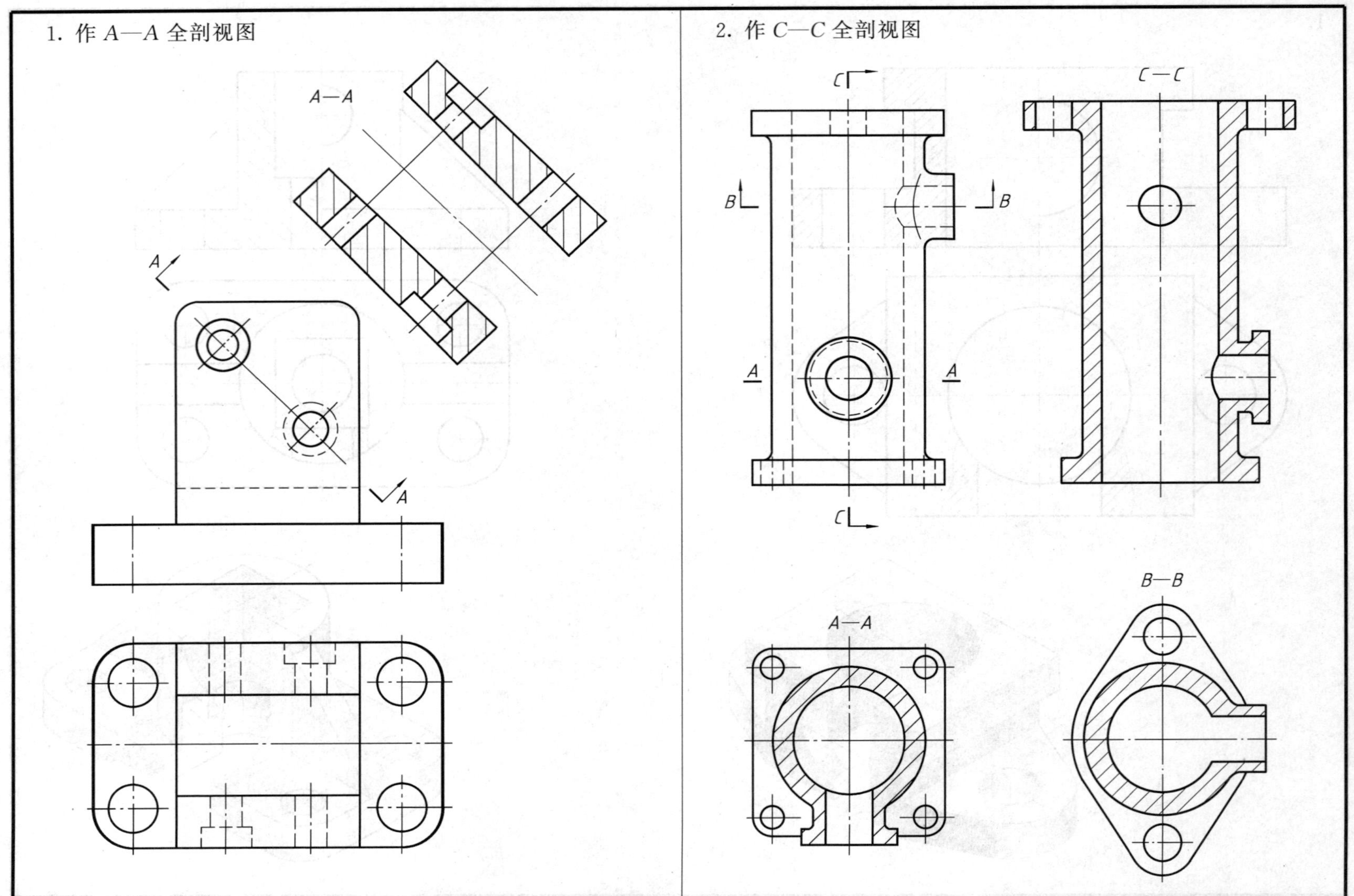

(习题册第 85 页)

6-14　用几个平行的剖切平面将主视图画成恰当的全剖视图

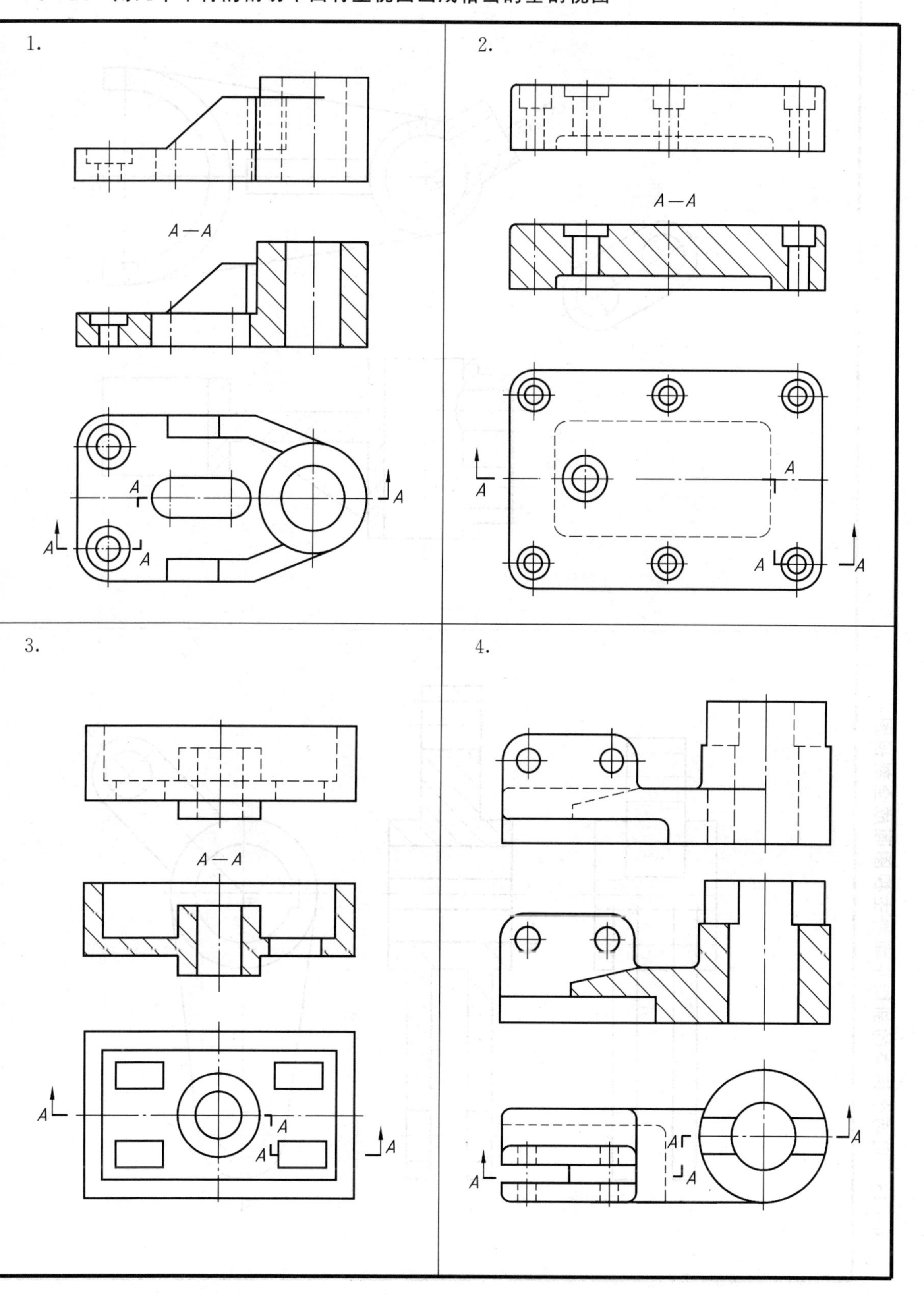

（习题册第 86 页）

6-15 用两个相交的剖切平面将主视图画成全剖视图

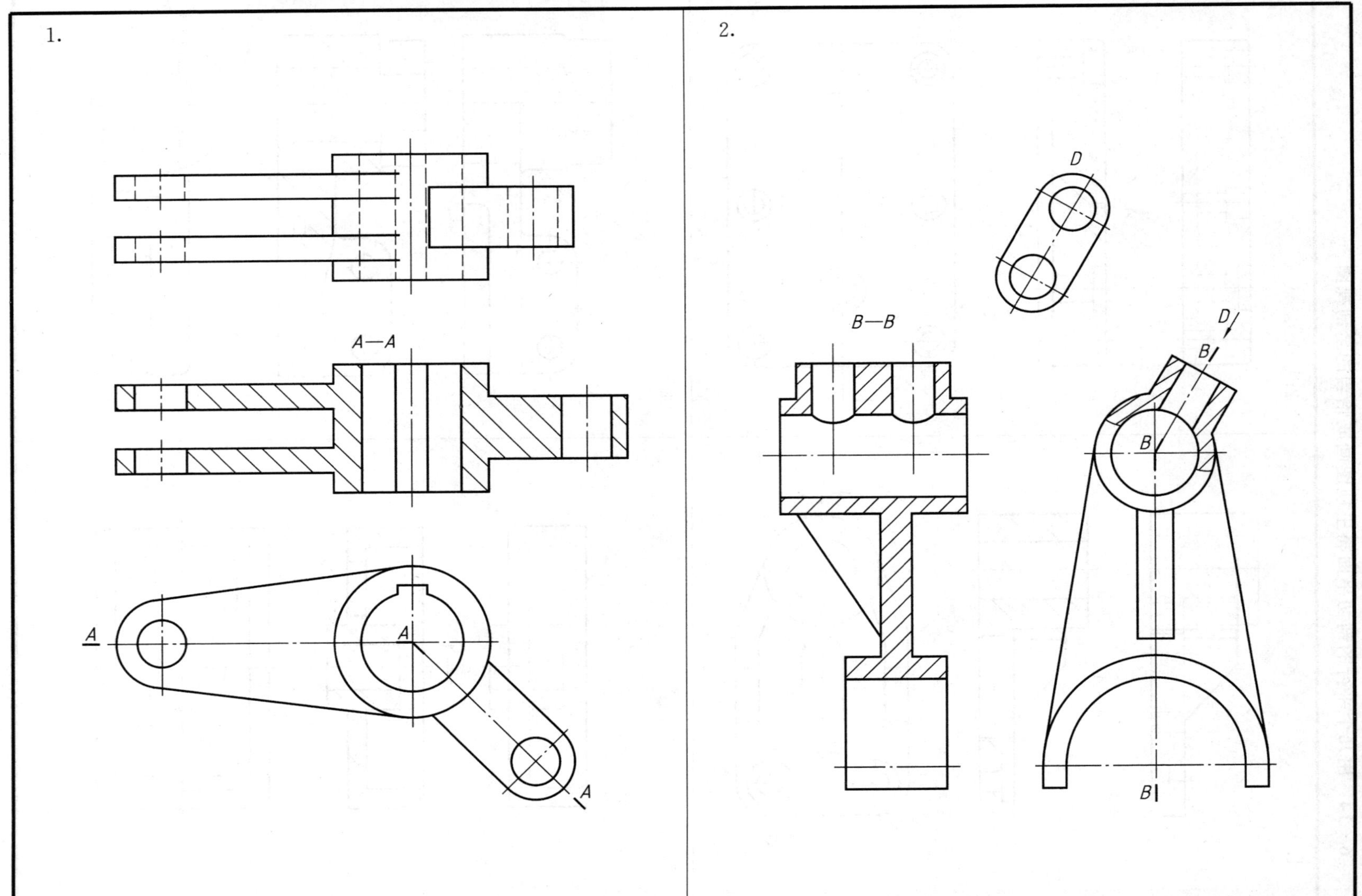

（习题册第 87 页）

*6－17　几个相交的剖切面剖切的应用

1. 画出用两个相交的剖切面剖切后的全剖视的主视图，并加标注

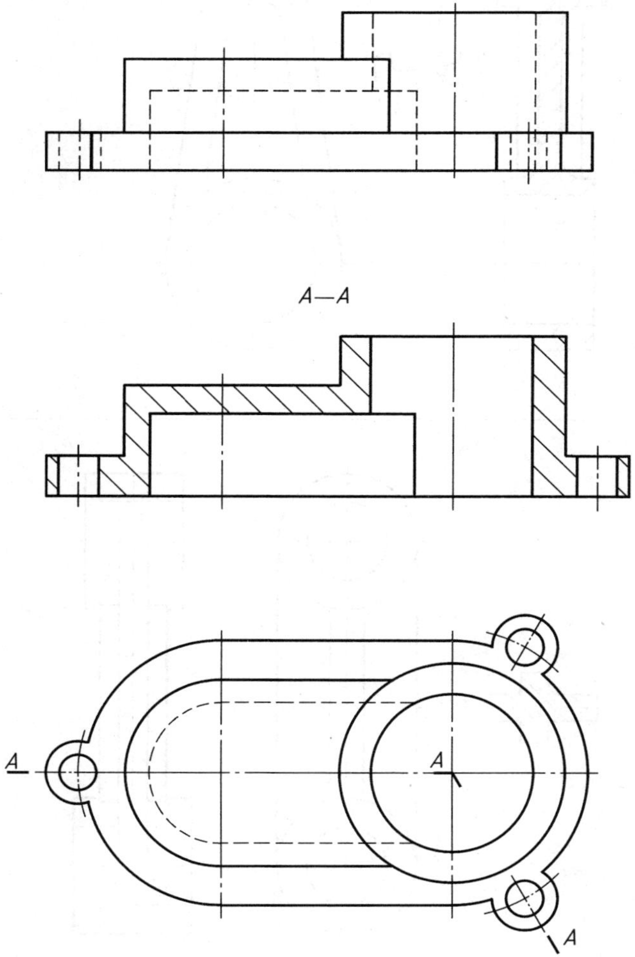

2. 画出用几个相交的剖切面剖切后的全剖视的主视图，并加标注

（习题册第 89 页）

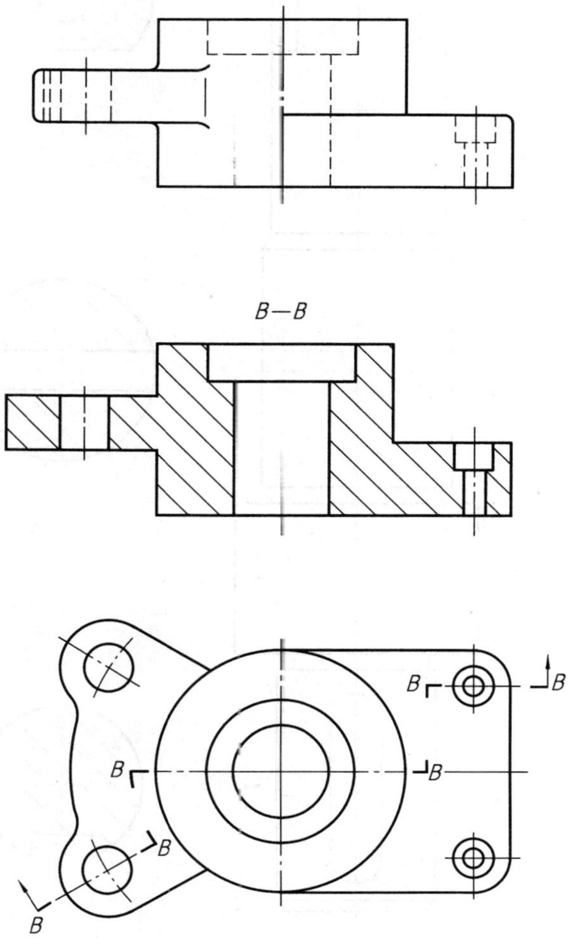

6-18 在指定位置作移出断面图

1. 单面键槽深 4 mm，右端双面有平面

2.

3.

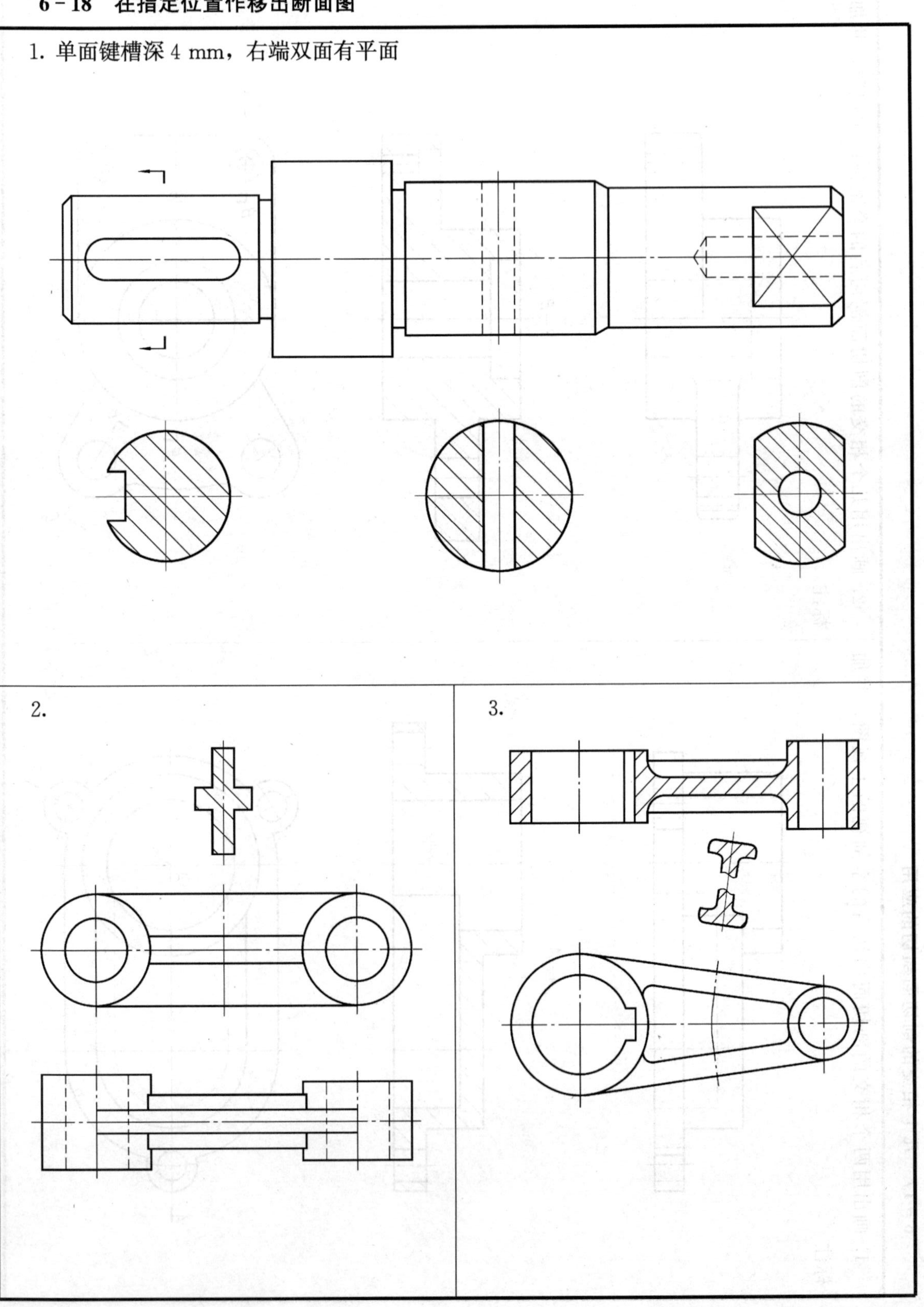

（习题册第 90 页）

6－20　按画法规定画出正确的主视图

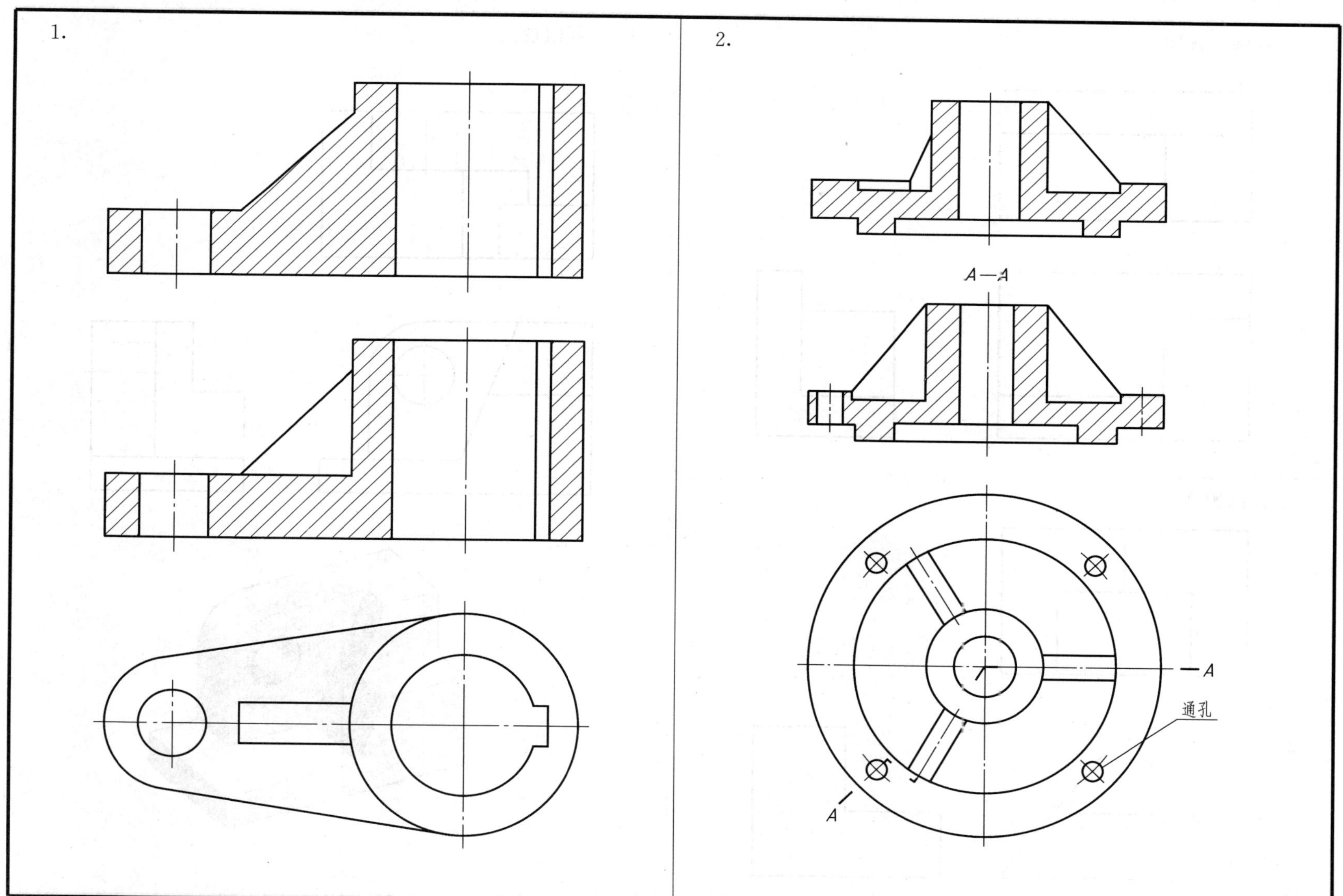

（习题册第 92 页）

6-21 第三角画法（一）

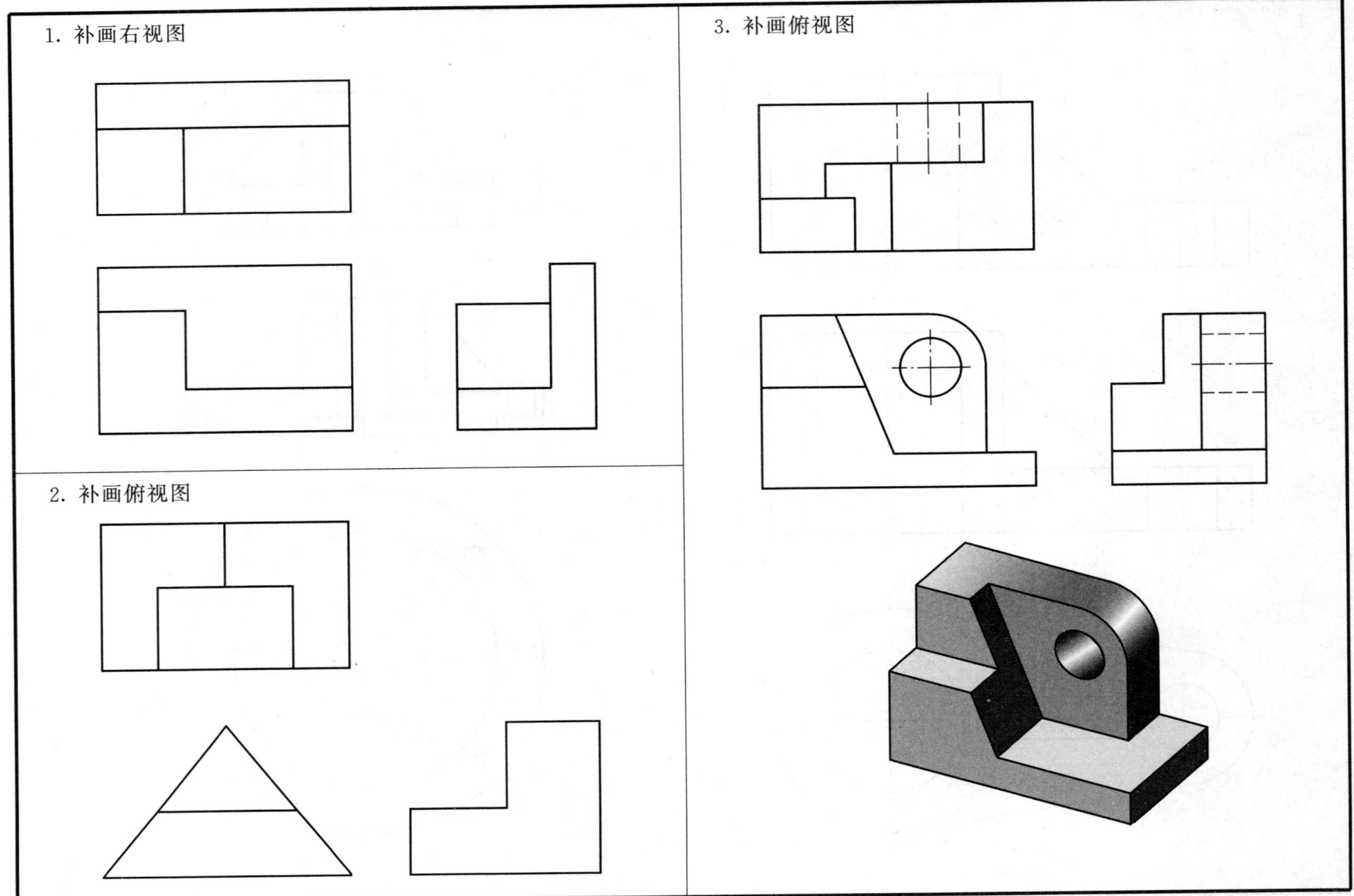

（习题册第 93 页）

6－22 第三角画法（二）

1. 看懂已知第三角画法视图，在指定位置将其转化成第一角画法的三视图

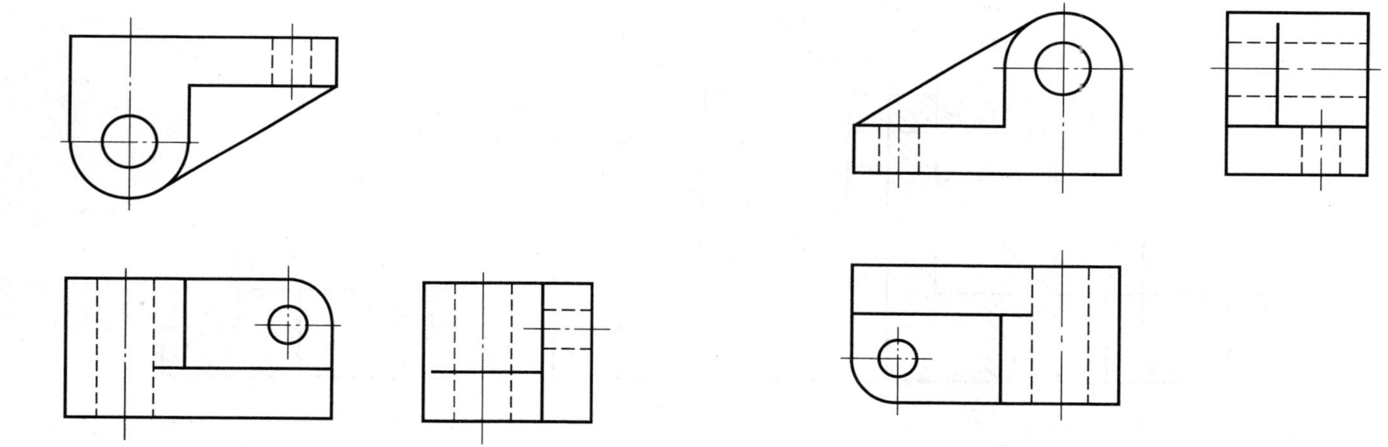

2. 看懂已知第三角画法视图，在指定位置将其转化成第一角画法的合理视图或剖视图

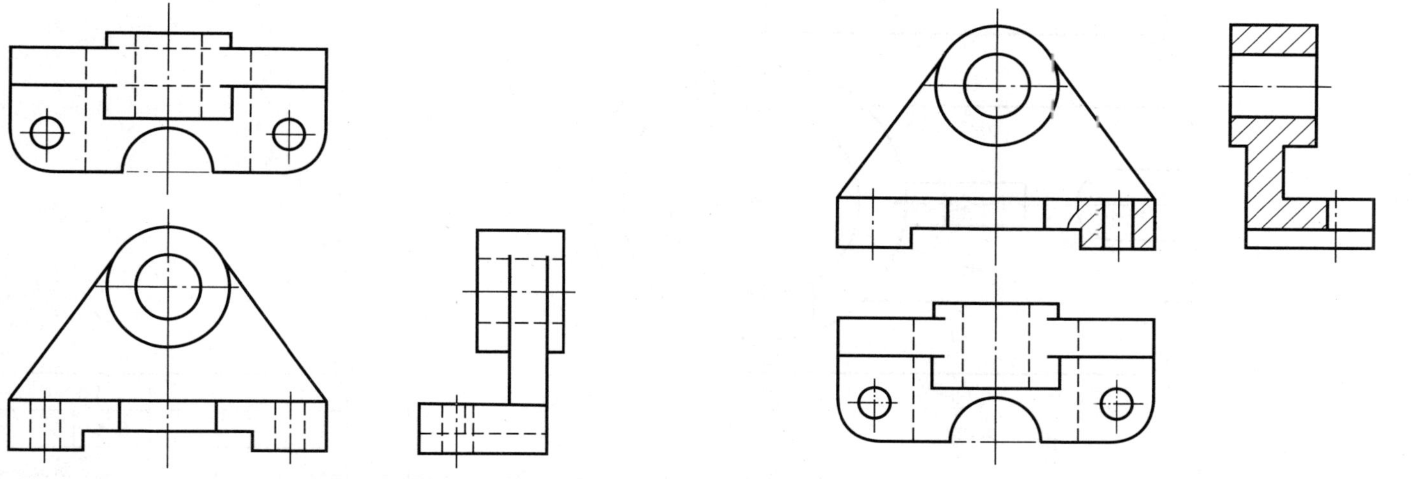

（习题册第 94 页）

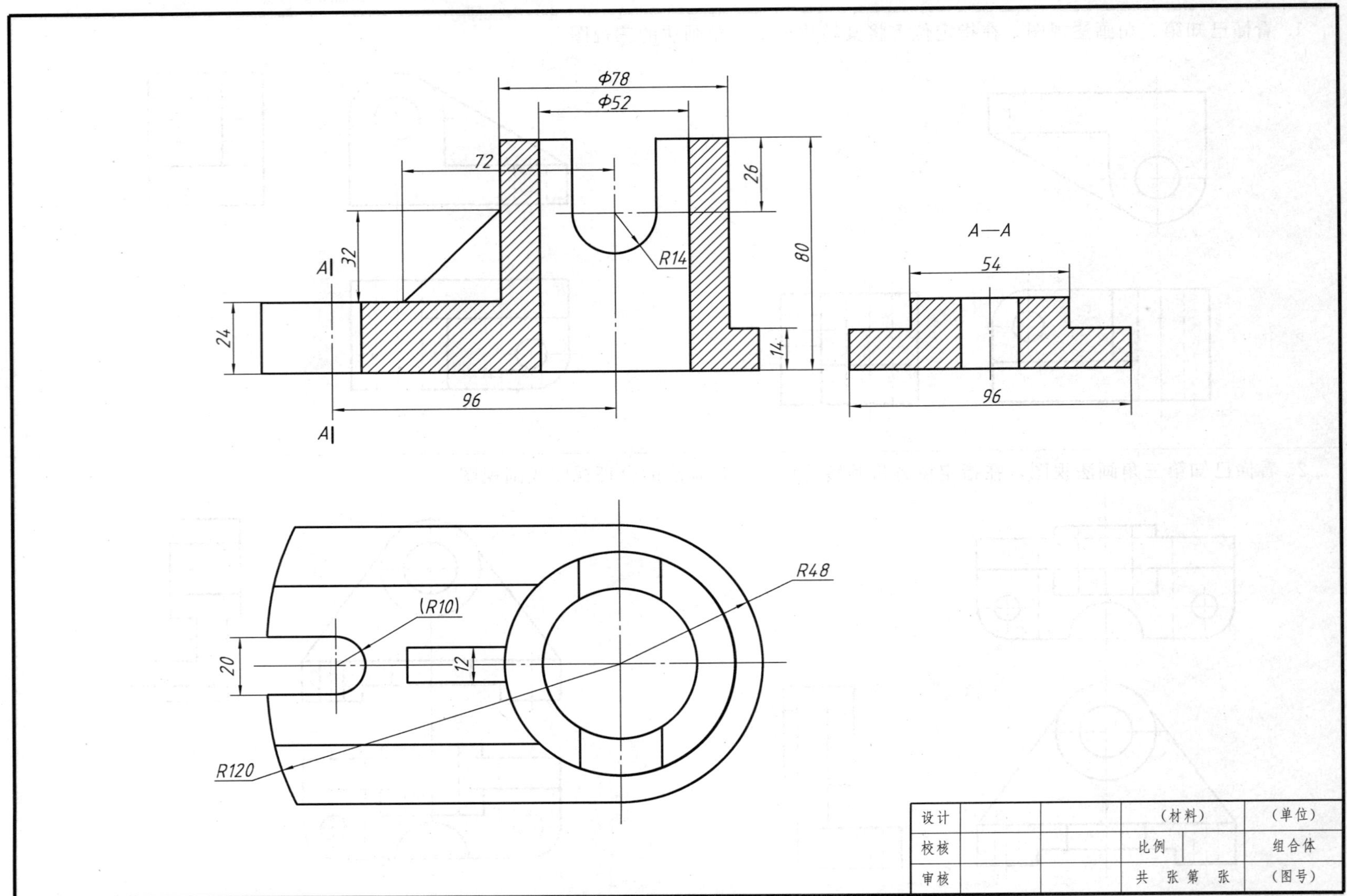

设计			（材料）		（单位）
校核			比例		组合体
审核			共　张 第　张		（图号）

（习题册第 95 页）

A—A
45
Φ28
28
11
4
9
Φ20
Φ30
20
5
100
56
22
30
20
13
60
108
132
62
60
R13
20
Φ42
10
8
35
10
78
66
30
4×Φ13
2×Φ8
R8
A
A
46
70
A
A
Φ40
R12
设计
（材料）
（单位）
校核
比例
组合体
审核
共 张 第 张
（图号）

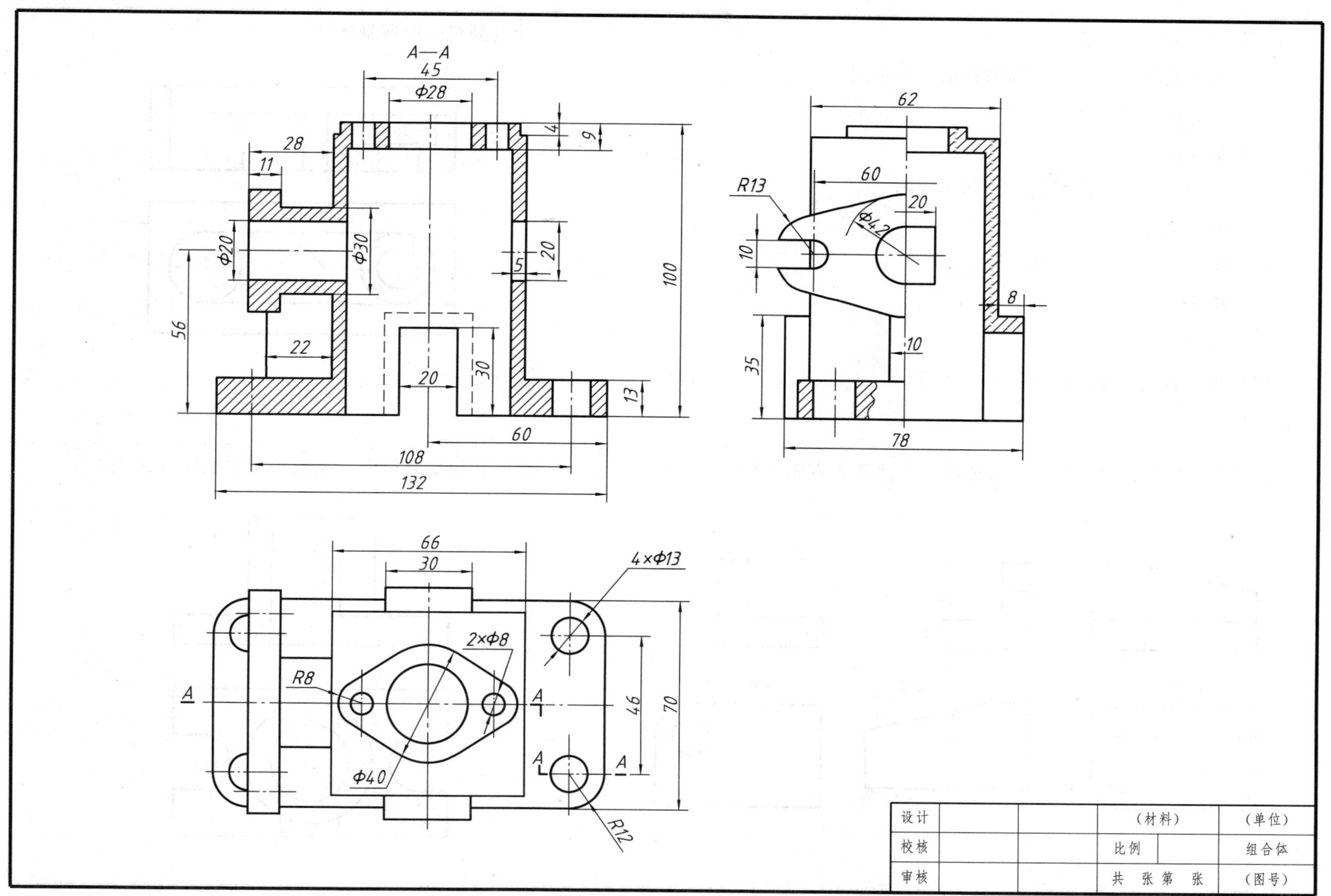

（习题册第 96 页）

1. 填空题（每空 2 分，共 44 分）

（1）基本视图，向视图，局部视图，斜视图

（2）长对正，高平齐，宽相等

（3）基本视图

（4）全剖视图，半剖视图，局部剖视图

（5）细点画

（6）单一，几个平行，几个相交

（7）粗实，细实

（8）局部放大

（9）观察者，投影面，观察者，机件

2. 看懂已知主、俯、左等 6 个视图，并注明各视图名称（6 分）

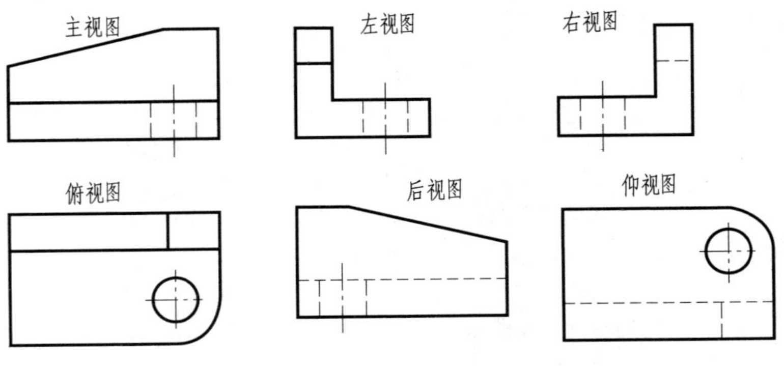

3. 补画剖视图中所缺图线（10 分）

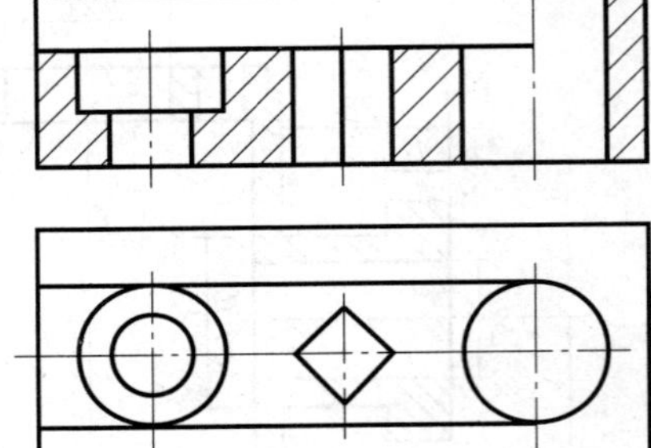

4. 根据已知部分视图，完成半剖主视图（10 分）

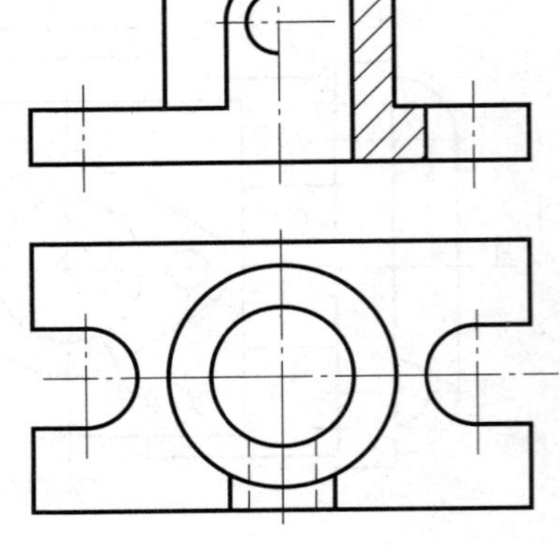

（习题册第 97 页）

5. 根据已知视图，在指定位置将主视图改画成适当的剖视图（每题 15 分，共 30 分）

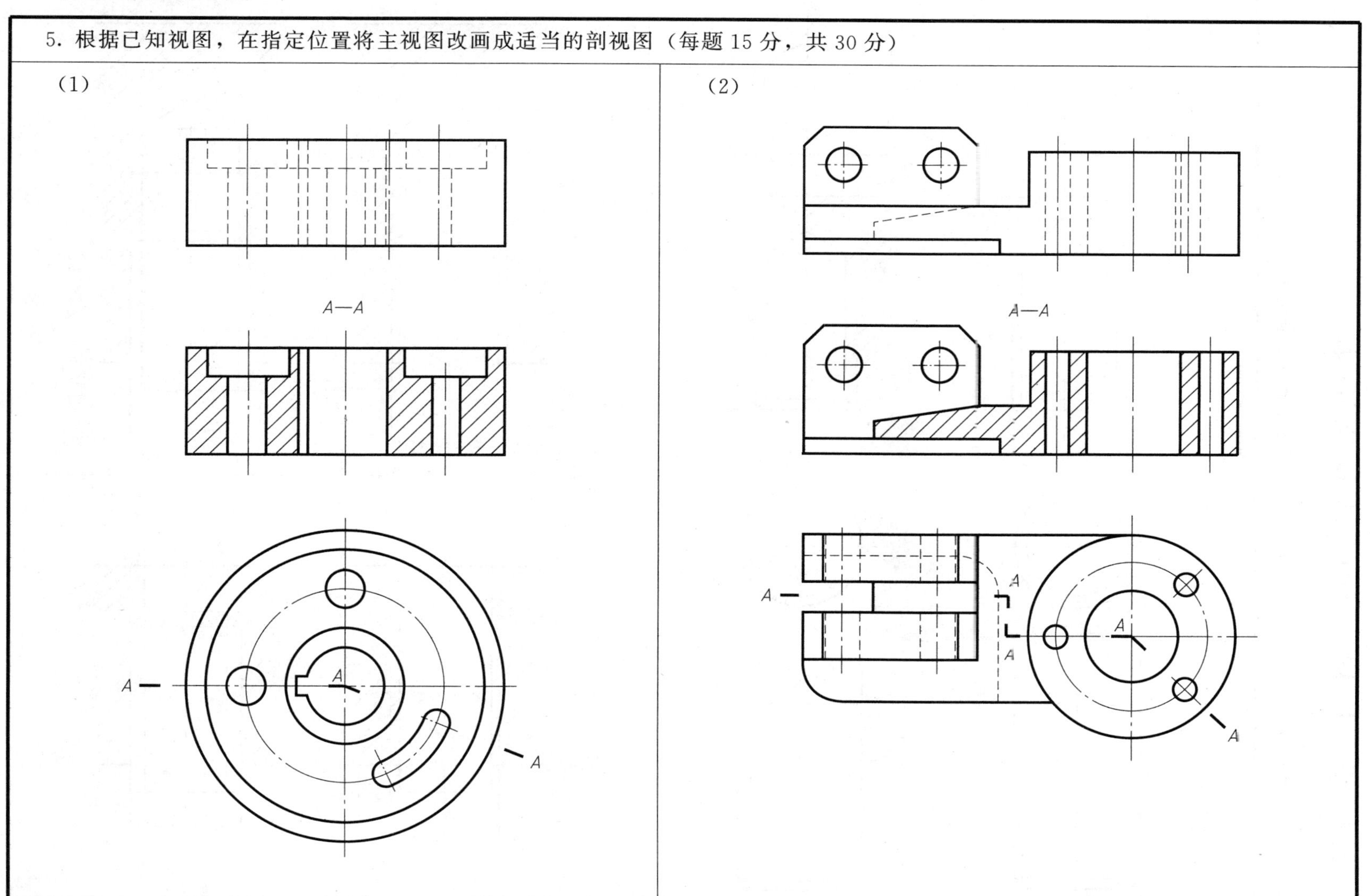

（习题册第 98 页）

第七章　机械图样的特殊表示法

7－1　分析螺纹画法中的错误，并在指定位置画出其正确的图形

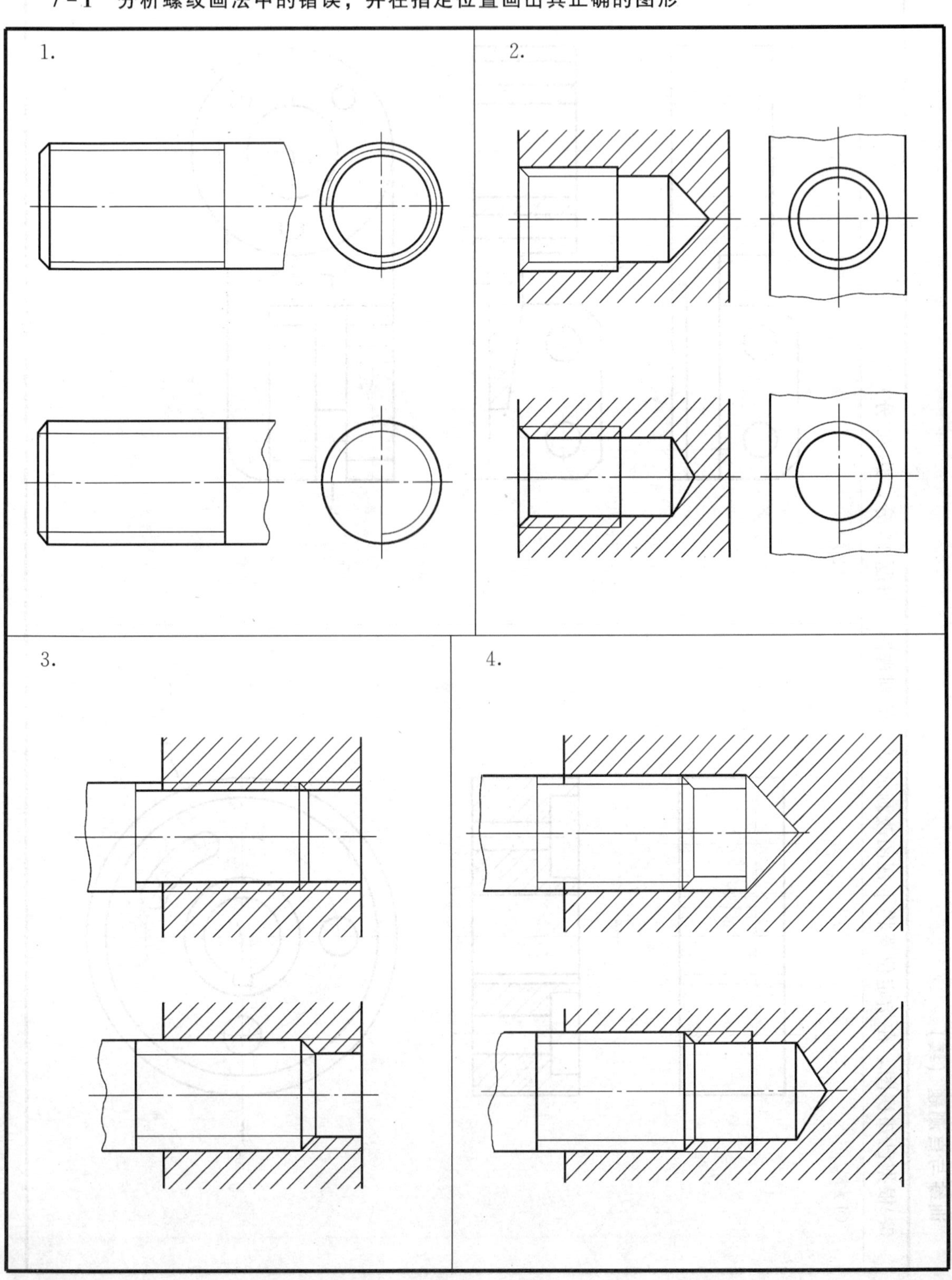

（习题册第 99 页）

7－2　螺纹的图样标注

1. 填表说明螺纹标记的含义

(1)

螺纹标记	螺纹种类	公称直径/mm	螺距/mm	导程/mm	线数	旋向	公差带代号
M20	普通螺纹（粗牙）	20			单线	右	6H 或 6g
M16×1—5g6g—L	普通螺纹（细牙）	16	1	1	单线	右	5g6g
M24—LH	普通螺纹（粗牙）	24			单线	左	6H 或 6g
B32×6LH—7e	锯齿形螺纹	32	6	6	单线	左	7e
Tr48×16(P8)—8H	梯形螺纹	48	8	16	双线	右	8H

(2)

螺纹标记	螺纹种类	尺寸代号	螺距	旋向	公差等级
G1A	55°非密封管螺纹	1		右	A 级
$R_1$1/2	与圆柱内螺纹相配合的圆锥外螺纹	1/2		右	
Rc1—LH	圆锥内螺纹	1		左	
Rp2	圆柱内螺纹	2		右	

2. 根据给定的螺纹要素，在图上进行标注

(1) 粗牙普通螺纹，公称直径为 30 mm，螺距为 3.5 mm，右旋，中径公差带代号为 5g，顶径公差带代号为 6g，中等旋合长度

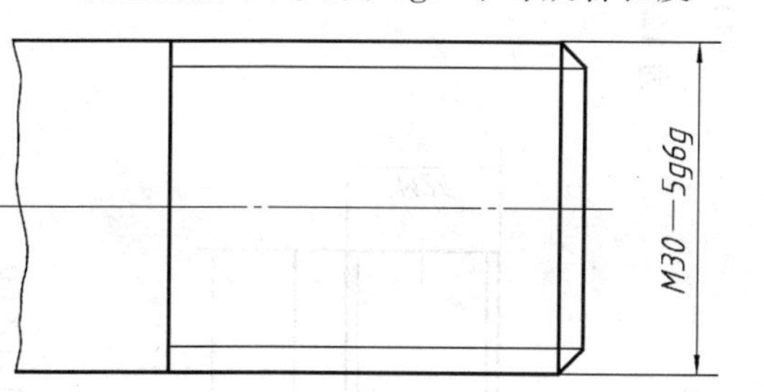

(2) 细牙普通螺纹，公称直径为 24 mm，螺距为 2 mm，左旋，中径和顶径公差带代号均为 6H，长旋合长度

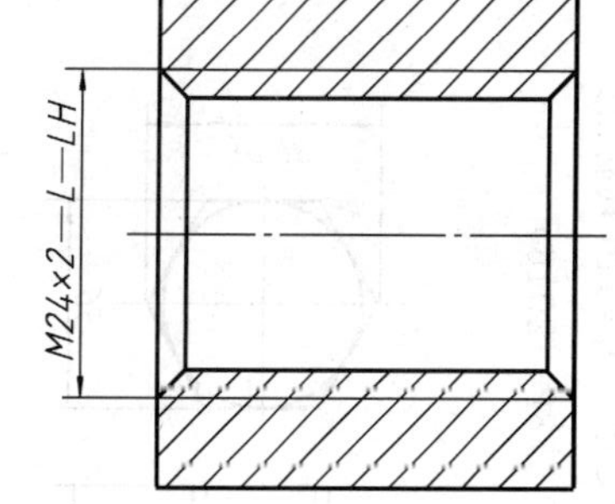

(3) 梯形螺纹，公称直径为 26 mm，螺距为 8 mm，双线，右旋，中径公差带代号为 8H，中等旋合长度

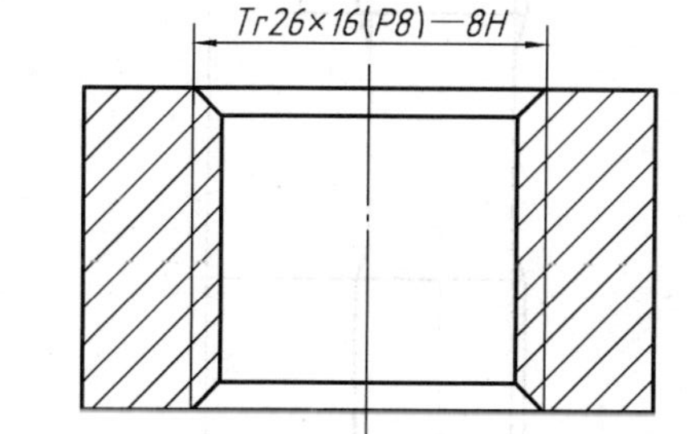

(4) 55°非密封管螺纹，尺寸代号为 3/4，公差等级为 B 级，左旋

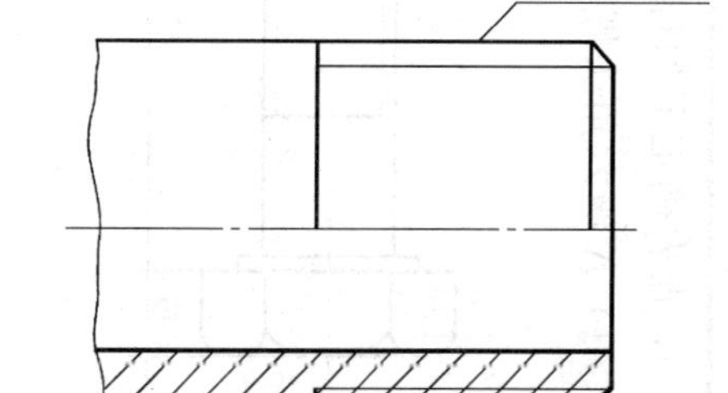

（习题册第 100 页）

1. 查表确定下列螺纹紧固件尺寸，并写出其标记

(1) A 级六角头螺栓（GB/T 5782—2016）

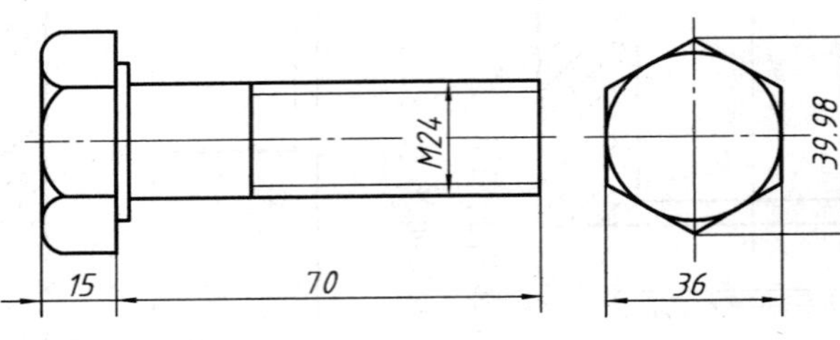

标记 螺栓 GB/T 5782 M24×70

(2) 螺母（GB/T 6170—2015）

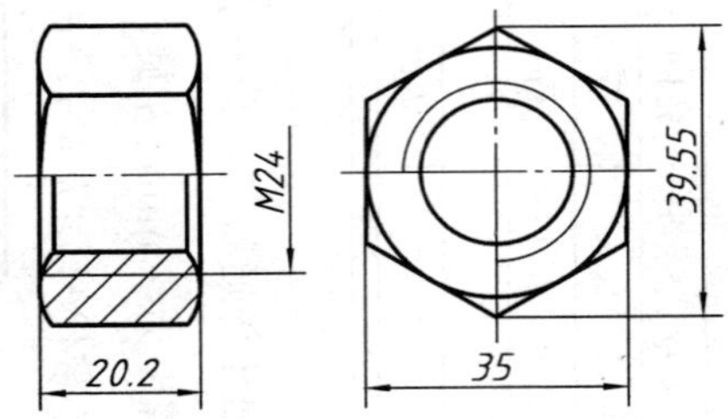

标记 螺母 GB/T 6170 M24

(3) 双头螺柱（GB/T 897—1988）

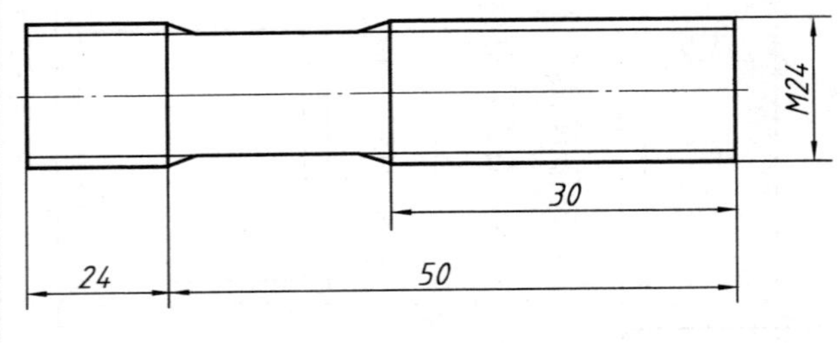

标记 螺柱 GB/T 897 M24×50

(4) 垫圈（GB/T 97.1—2002，公称规格为 12 mm）

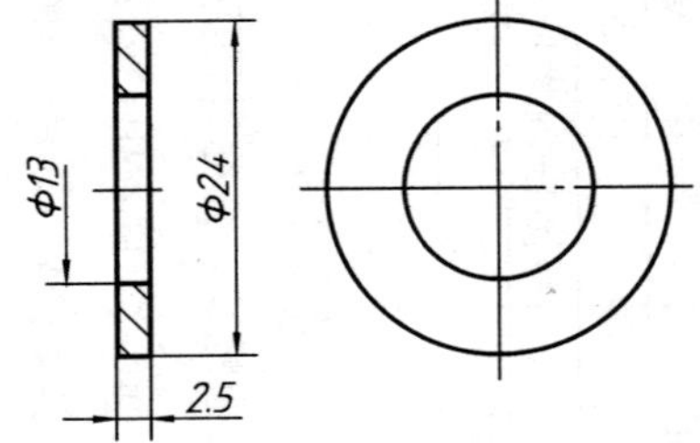

标记 垫圈 GB/T 97.1 12

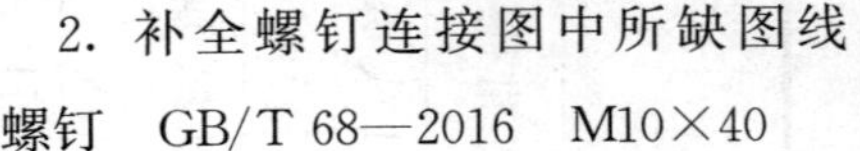

2. 补全螺钉连接图中所缺图线

螺钉 GB/T 68—2016 M10×40

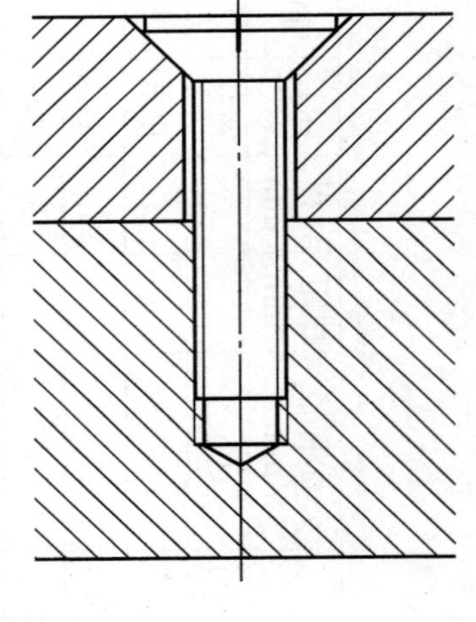

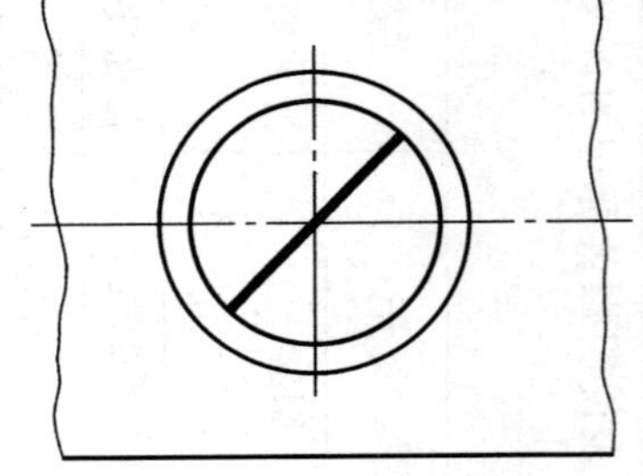

（习题册第 *101* 页）

7－4 螺栓、螺柱连接

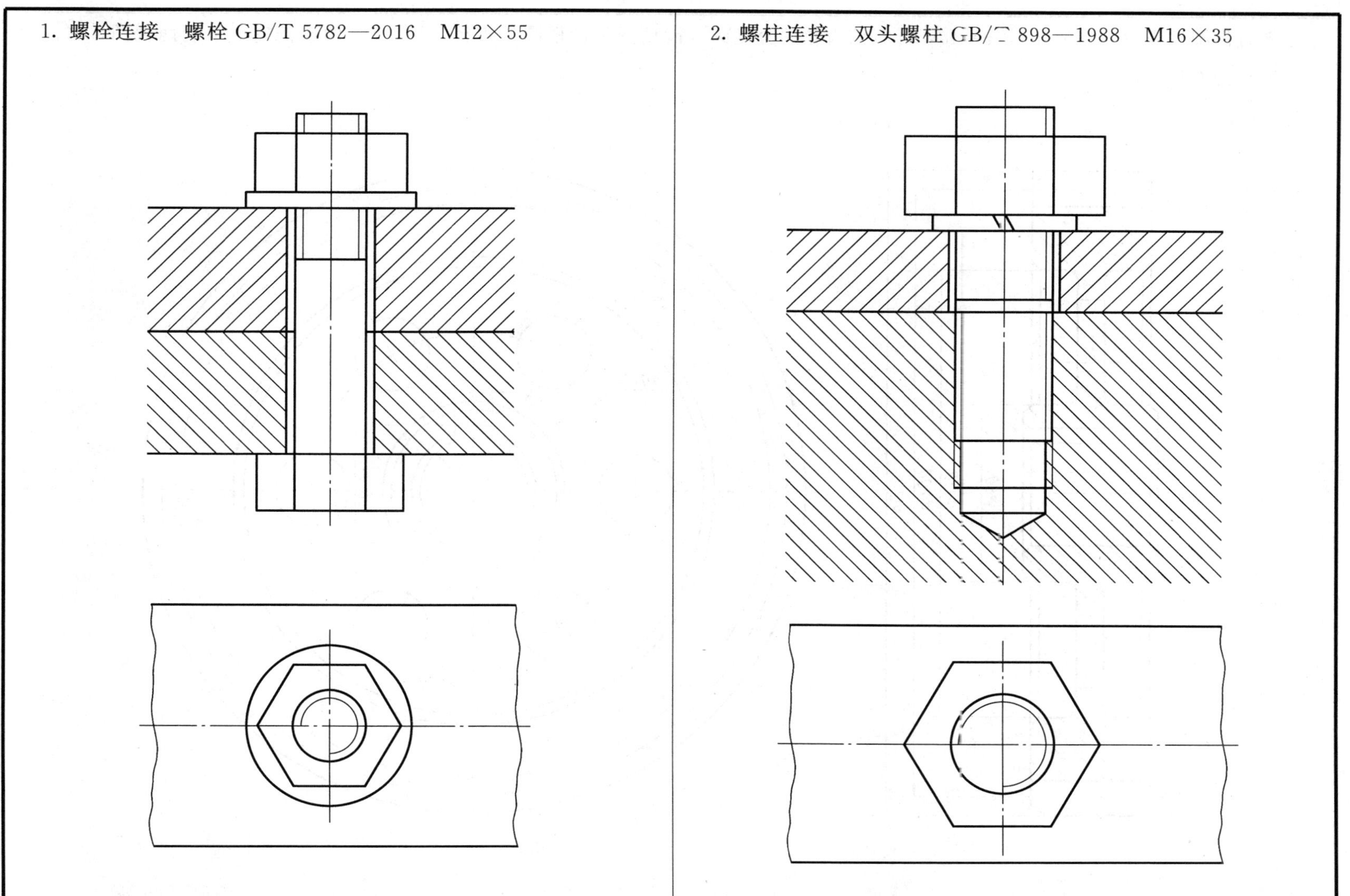

（习题册第 *102* 页）

已知直齿圆柱齿轮 m＝5 mm，z＝40，计算该齿轮的分度圆、齿顶圆和齿根圆的直径。用 1∶2 的比例完成下列两视图，并注尺寸（倒角为 C2 mm）

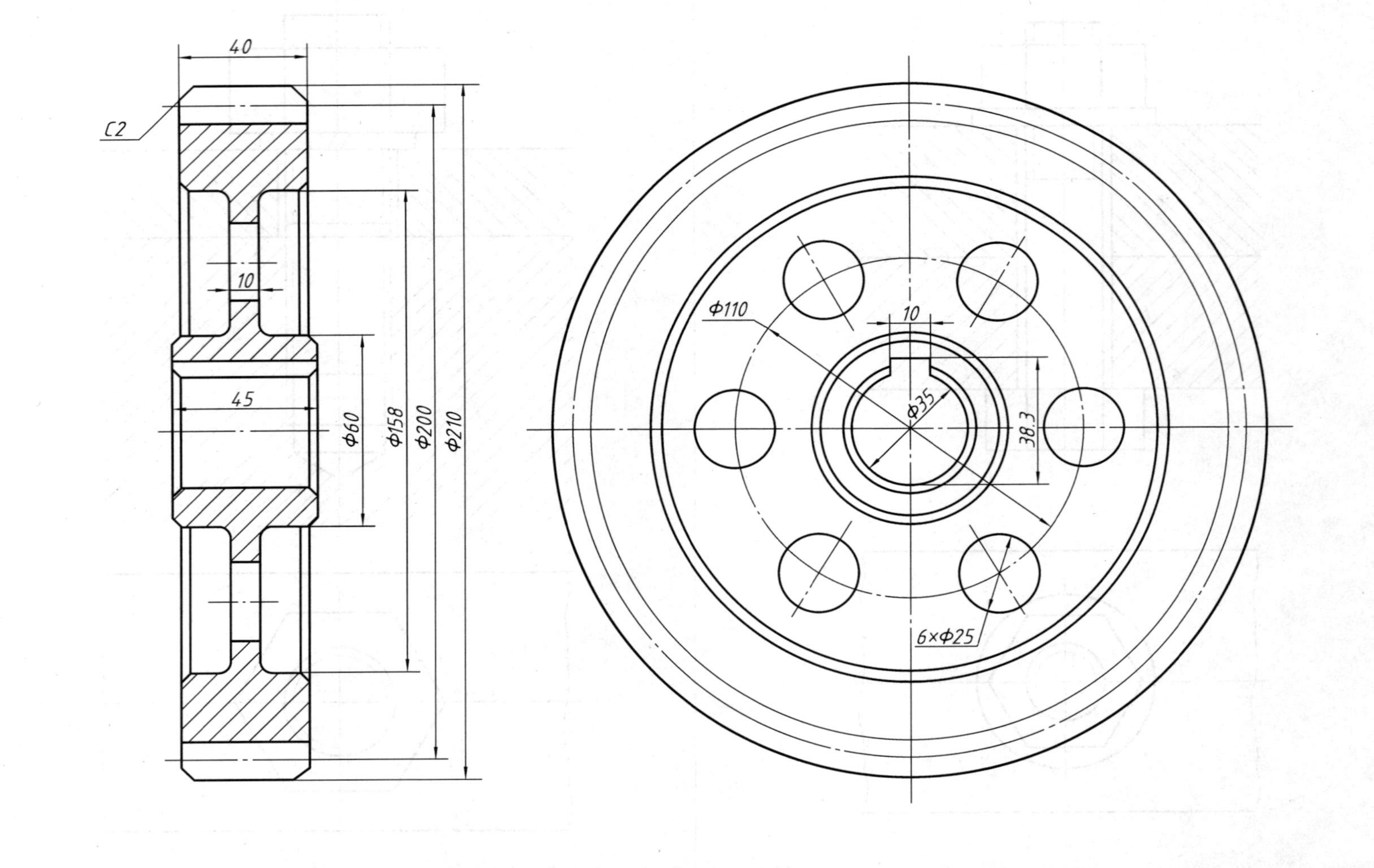

（习题册第 103 页）

7-6　齿轮画法（二）

已知两啮合齿轮的模数 $m=4$ mm，大齿轮齿数 $z_2=38$，两齿轮的中心距 $a=130$ mm，试计算大小两齿轮分度圆、齿顶圆及齿根圆的直径，用 1∶2 的比例完成直齿圆柱齿轮的啮合图

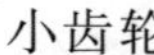

小齿轮

分度圆 $d_1=$ 108 mm，

齿顶圆 $d_{a1}=$ 116 mm，

齿根圆 $d_{f1}=$ 98 mm。

大齿轮

分度圆 $d_2=$ 152 mm，

齿顶圆 $d_{a2}=$ 160 mm，

齿根圆 $d_{f2}=$ 142 mm。

传动比 $i=\frac{38}{27}$。

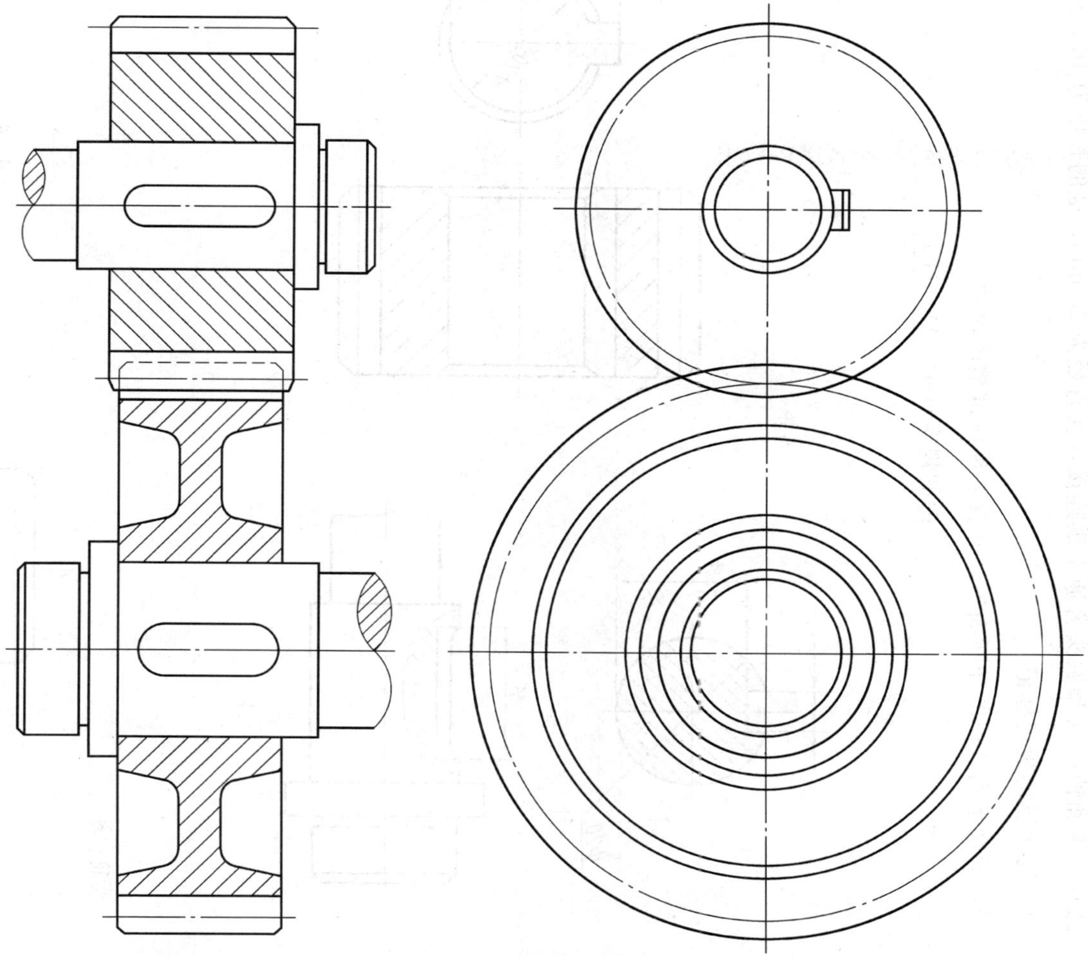

（习题册第 *104* 页）

7-7 键连接

已知齿轮和轴用 A 型圆头普通平键连接，孔直径为 20 mm，键的长度为 16 mm

（1）写出键的规定标记

（2）画全下列各视图和断面图，并查表标注键槽的尺寸

键的规定标记 <u>键 GB/T 1096 6×6×16</u>

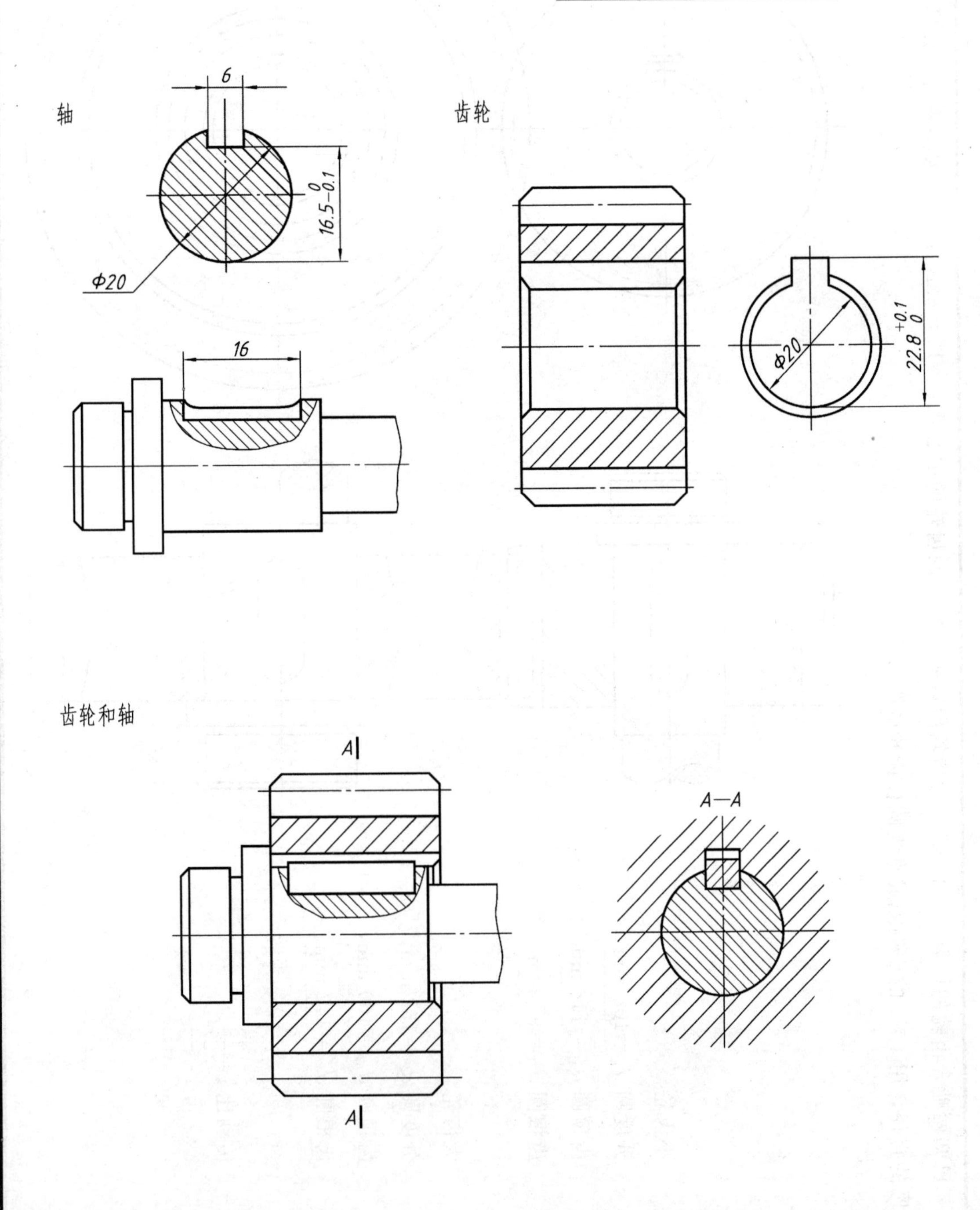

（习题册第 105 页）

7－8　第四次作业——轴系装配图

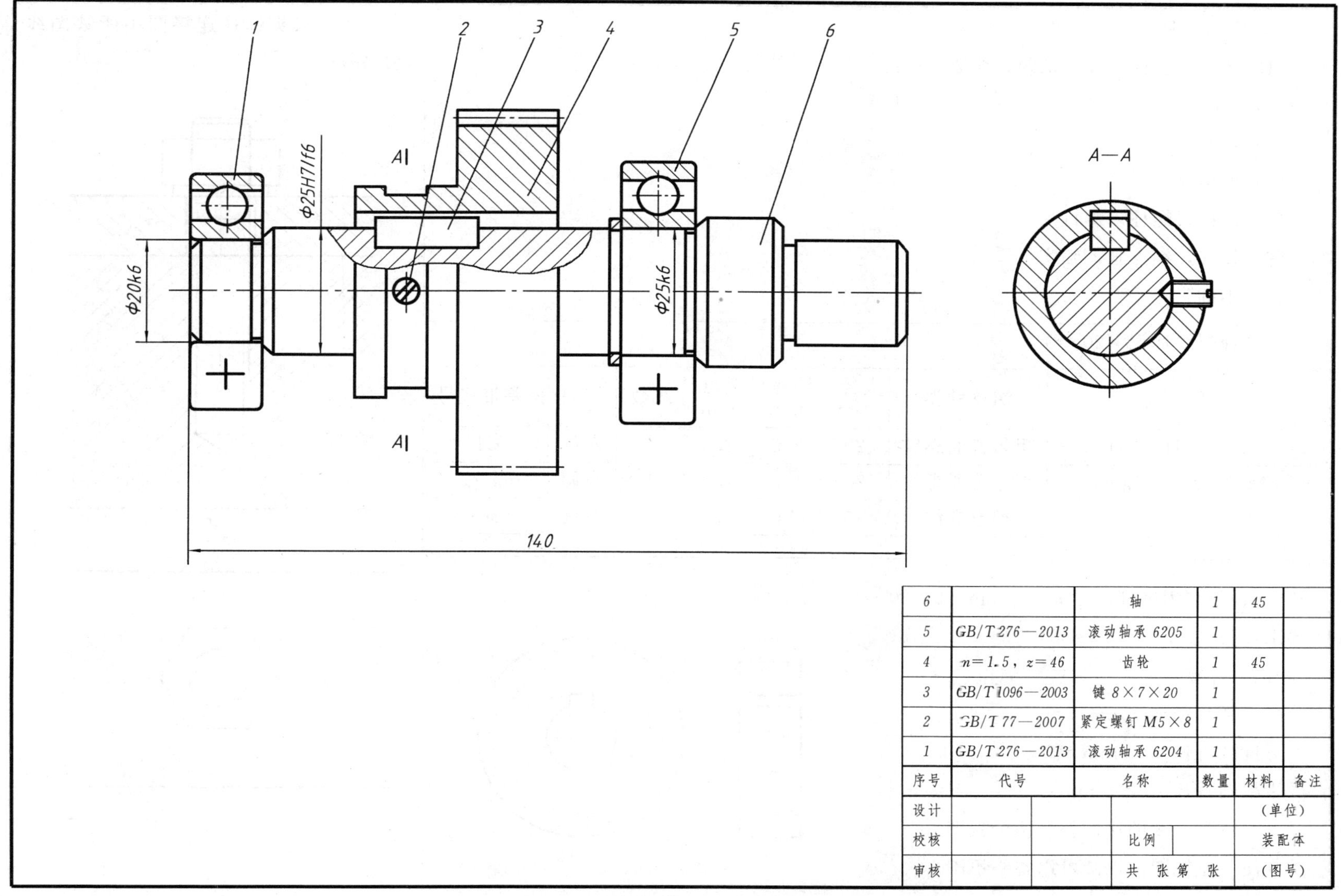

6		轴	1	45	
5	GB/T 276—2013	滚动轴承 6205	1		
4	$m=1.5$，$z=46$	齿轮	1	45	
3	GB/T 1096—2003	键 8×7×20	1		
2	GB/T 77—2007	紧定螺钉 M5×8	1		
1	GB/T 276—2013	滚动轴承 6204	1		
序号	代号	名称	数量	材料	备注

设计				（单位）
校核			比例	装配本
审核			共　张第　张	（图号）

（习题册第 106 页）

1. 填空题（每空 2 分，共 30 分）

（1）牙型，公称直径，螺距，线数，旋向

（2）0.85

（3）120°

（4）外螺纹

（5）螺栓，螺柱，螺钉

（6）粗实，细点画，细实

（7）不剖

2. 解释螺纹标记（20 分）

螺纹标记	螺纹种类	大径/mm	导程/mm	螺距/mm	线数	旋向	公差带代号
M20—6H—LH	粗牙普通螺纹	20	2.5	2.5	1	左旋	6H
M20×1.5—6g7g	细牙普通螺纹	20	1.5	1.5	1	右旋	6g7g
Tr40×14（P7）—8e	梯形螺纹	40	14	7	2	右旋	8e

3. 平板型直齿圆柱齿轮 $m=3$ mm，$z=20$，要求：（25 分）

（1）计算

齿顶圆直径＝66 mm

分度圆直径＝60 mm

齿根圆直径＝52.5 mm

（2）按 1∶2 的比例补全两个视图

（注：左视图齿根圆可以省略不画）

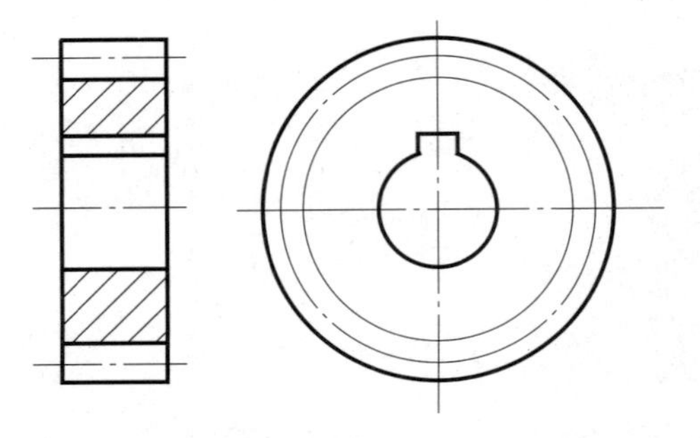

4. 补全双头螺柱连接图中所缺图线（25 分）

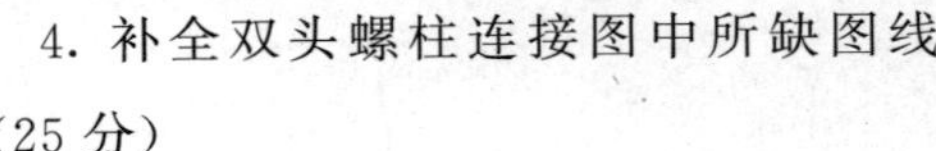

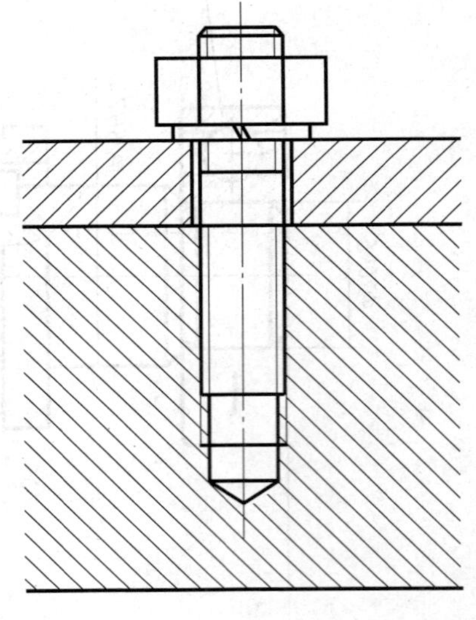

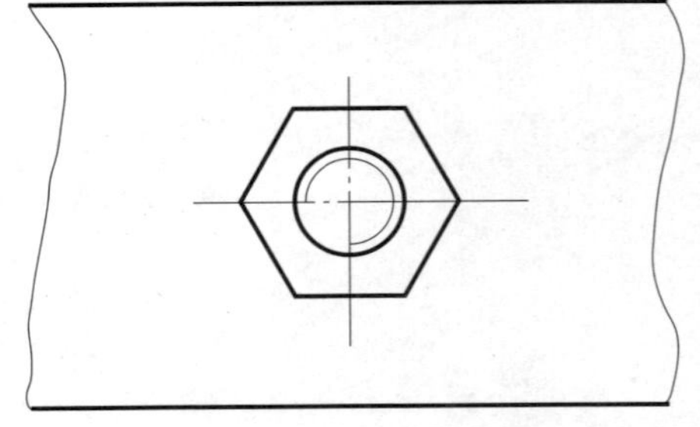

（习题册第 107 页）

第八章　零件图

8－1　根据轴测图选择方案表达零件（徒手，不注尺寸）

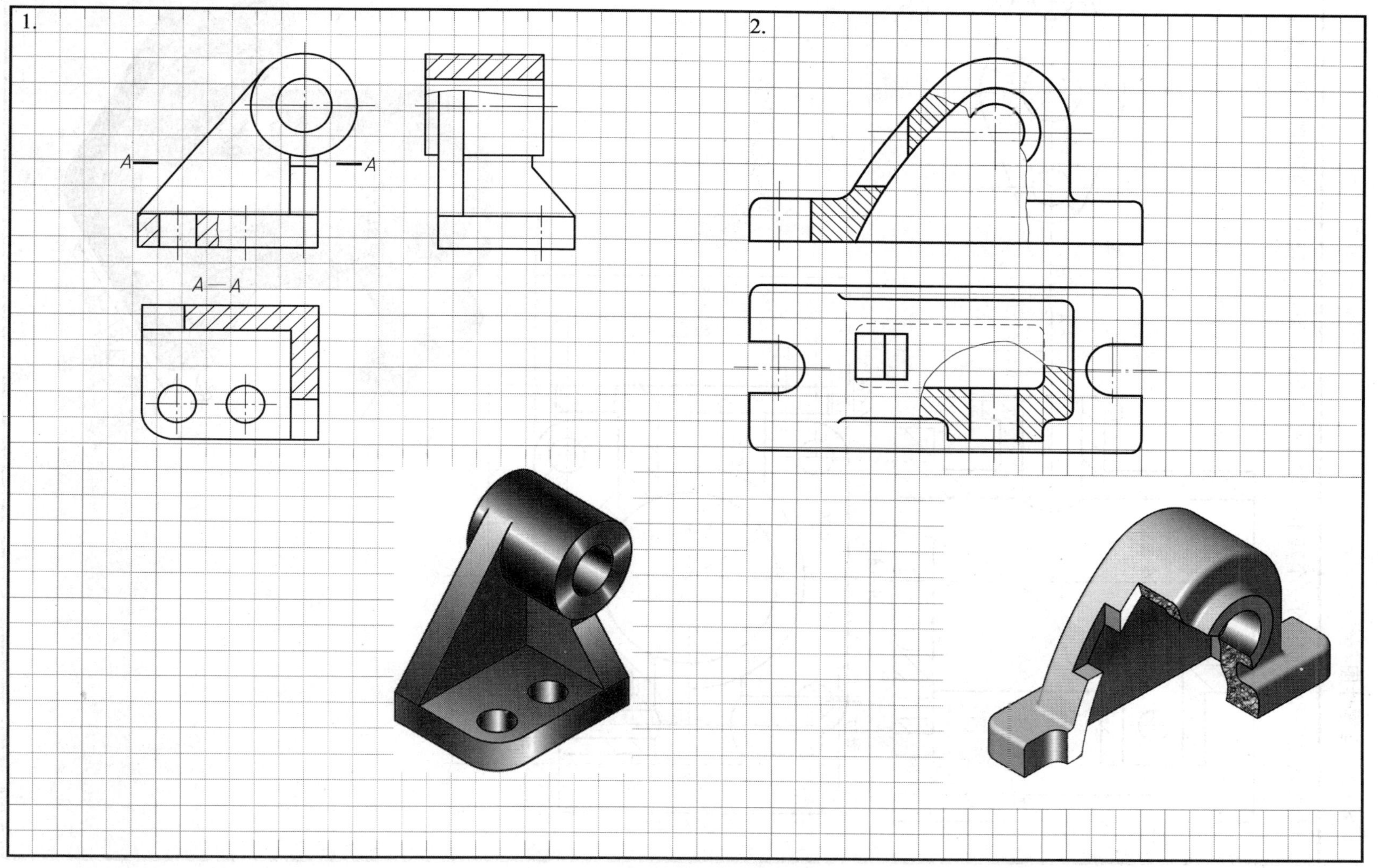

（习题册第 108 页）

8-2 画零件图

参照轴测图和已选定的一个基本视图，确定表达方案，并按 1∶1 的比例标注尺寸

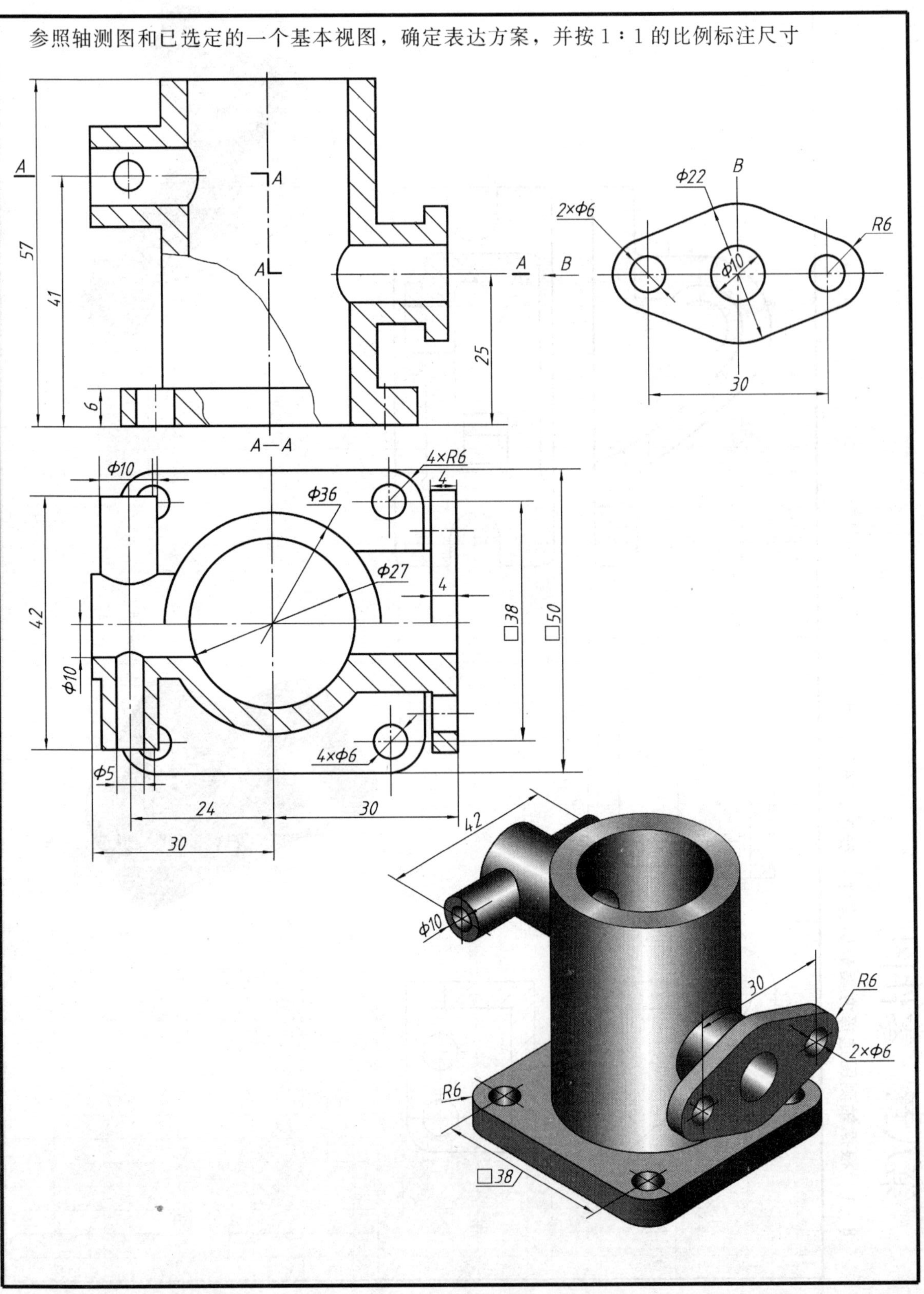

（习题册第 109 页）

8-4 在零件图上标注尺寸

1.

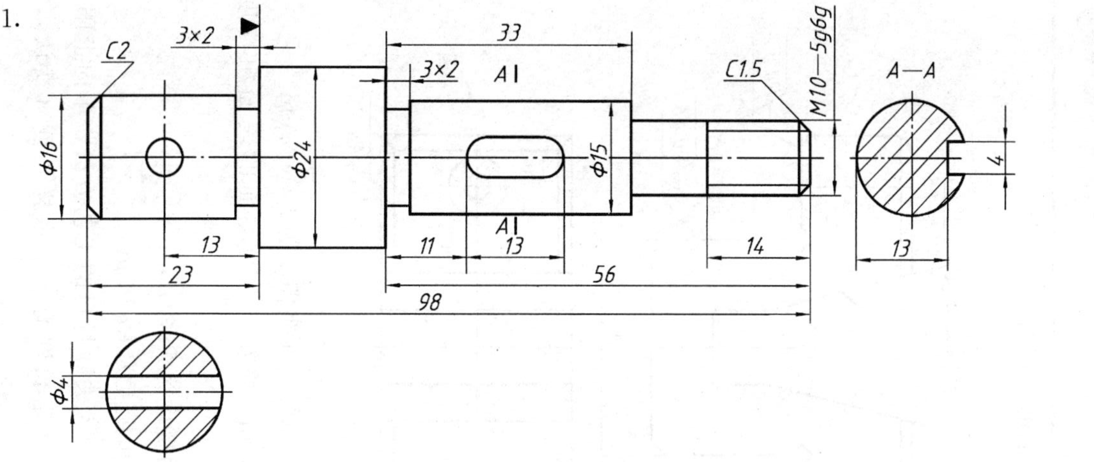

2.

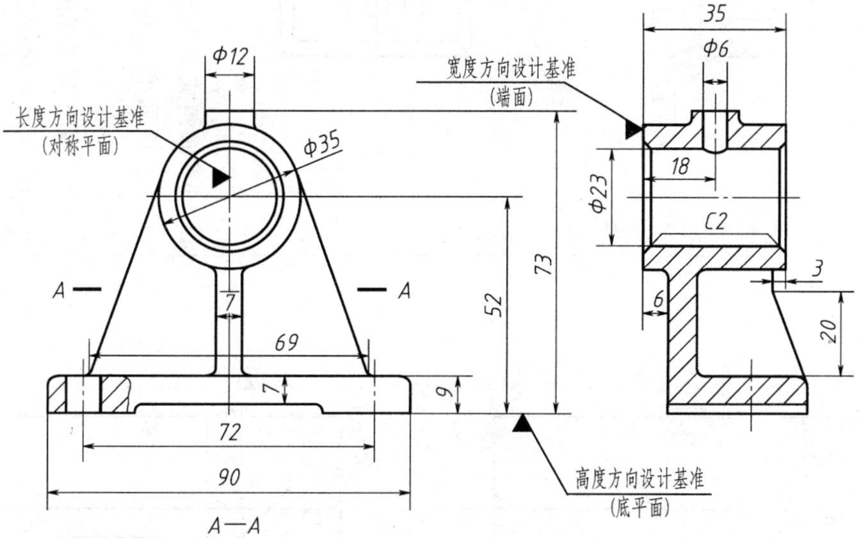

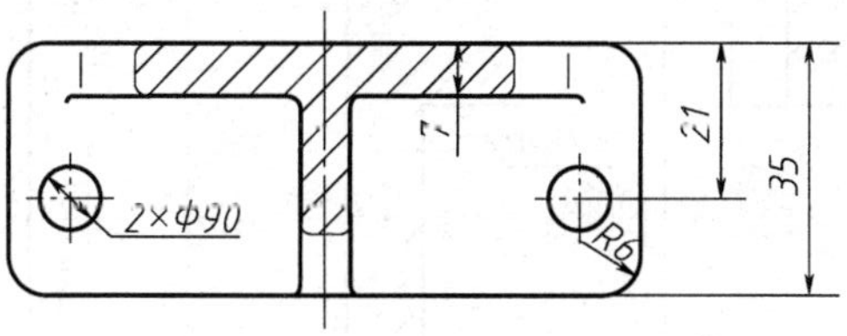

技术要求

未注圆角为 $R2\sim3$。

长度方向设计基准（对称平面）

宽度方向设计基准（端面）

高度方向设计基准（底平面）

8－5　按给定要求在图形上标注表面粗糙度

1．分析上图表面粗糙度标注的错误，在下图中正确标注

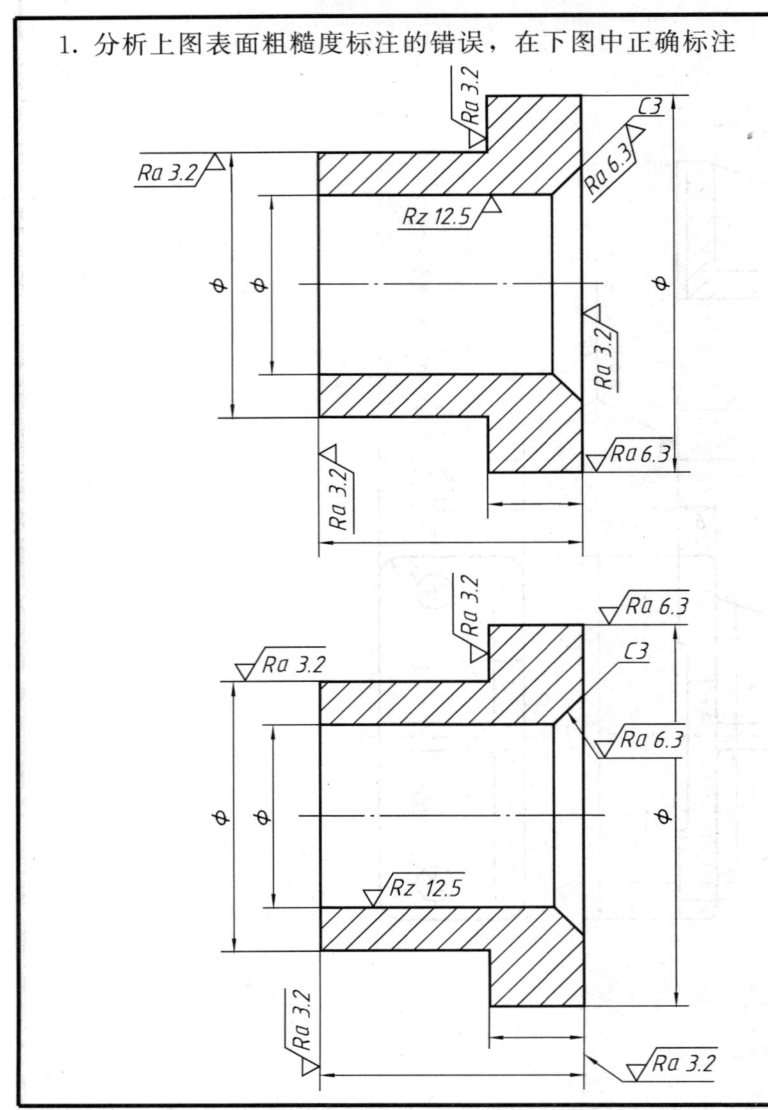

2．按要求标注零件表面的表面粗糙度代号

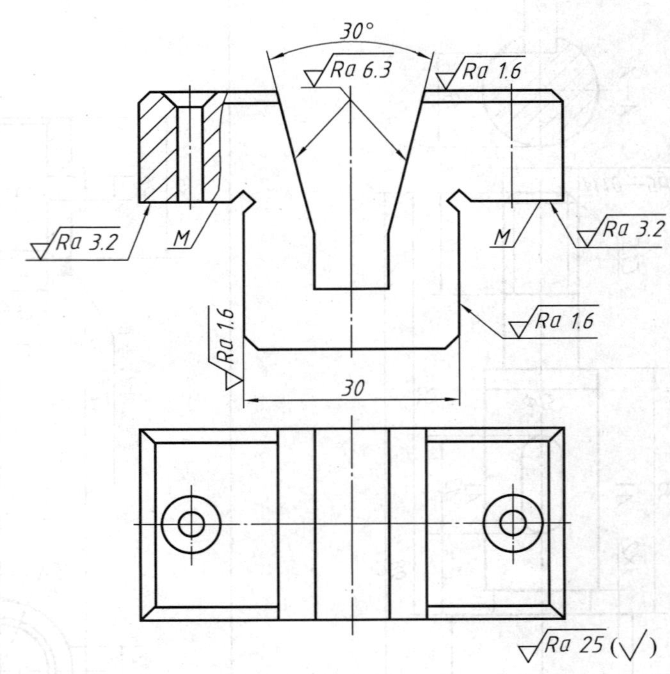

（1）倾角成 30°的两斜面的表面粗糙度为 Ra6．3 μm。

（2）顶面和长度 30 mm 的左、右两侧面的表面粗糙度为 Ra1．6 μm。

（3）两个 M 面表面粗糙度为 Ra3．2 μm。

（4）其余表面的表面粗糙度为 Ra25 μm。

上述表面粗糙度要求均为去除材料的工艺方法，单向上限值，默认传输带，R 轮廓，评定长度为 5 个取样长度（默认），按 16％规则评定。

（习题册第 112 页）

8-6 极限与配合基本知识练习（一）

1. 根据配合代号及孔、轴的上、下极限偏差，判别配合制和类别，并辨认其公差带图（在括号内填上相应编号）

(1)	(2)	(3)	(4)	(5)
$\phi30\frac{H10}{d9}$ $\phi30H10(^{+0.084}_{0})$ $\phi30d9(^{-0.065}_{-0.117})$ 基孔制间隙配合	$\phi30\frac{G7}{h6}$ $\phi30G7(^{+0.028}_{+0.007})$ $\phi30h6(^{0}_{-0.013})$ 基轴制间隙配合	$\phi30\frac{H7}{m6}$ $\phi30H7(^{+0.021}_{0})$ $\phi30m6(^{+0.021}_{+0.008})$ 基孔制过渡配合	$\phi30\frac{P7}{h6}$ $\phi30P7(^{-0.014}_{-0.035})$ $\phi30h6(^{0}_{-0.013})$ 基轴制过盈配合	$\phi30\frac{H7}{t6}$ $\phi30H7(^{+0.021}_{0})$ $\phi30t6(^{+0.054}_{+0.041})$ 基孔制过盈配合
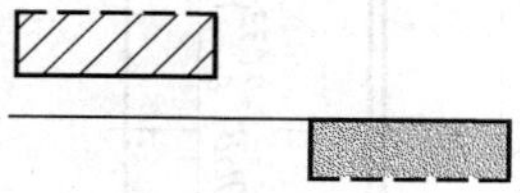 (2)	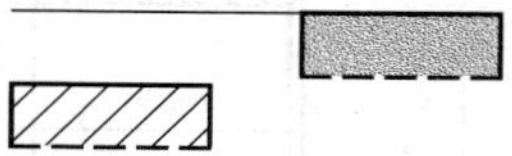 (4)	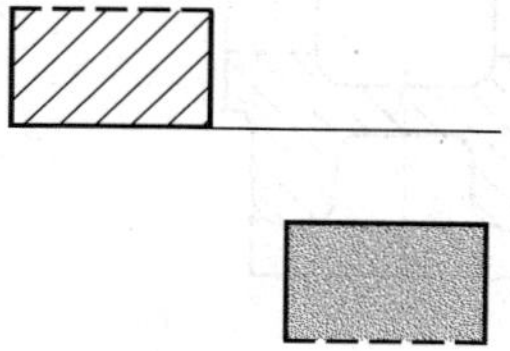 (1)	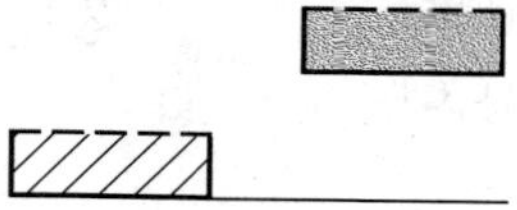 (5)	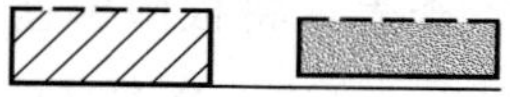 (3)

2. 根据下列图形，分别标注孔、轴的公称尺寸，查表注写上、下极限偏差，并回答问题

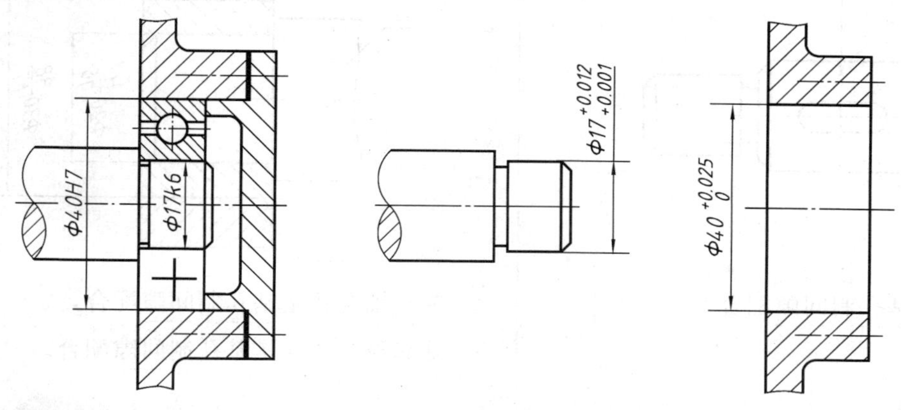

（1）滚动轴承与零件孔的配合为基轴制。

（2）零件孔的基本偏差标示符为H。

（3）滚动轴承与轴的配合为基孔制。

（4）轴的基本偏差标示符为k。

（习题册第 113 页）

8－7　极限与配合基本知识练习（二）

1. 改错，将正确注法写在横线上

（1）$\phi40_{-0.05}$　$\phi40_{-0.05}^{\ 0}$

（2）$\phi50(^{-0.31}_{-0.7})$　$\phi50^{-0.31}_{-0.70}$

（3）$\phi30_{\pm0.008}$　$\phi30\pm0.008$

（4）$\phi30^{+0.021}_{\ 0}$(H7)　$\phi30H7(^{+0.021}_{\ 0})$

2. 查表，将极限偏差数值（单位为 mm）填入公差带后的括号内

（1）$\phi30H8\ (^{+0.033}_{\ 0})$

（2）$\phi60JS7\ (\pm0.015)$

（3）$\phi25m6\ (^{+0.021}_{+0.008})$

（4）$\phi40f7(^{-0.025}_{-0.050})$

3. 查表，将公差带代号写在基本尺寸之后

孔 $\begin{cases}\phi70JS7\ (\pm0.015)\\ \phi20K7\ (^{+0.006}_{-0.015})\end{cases}$

轴 $\begin{cases}\phi30f7\ (^{-0.020}_{-0.041})\\ \phi35k6\ (^{+0.018}_{+0.002})\end{cases}$

4. 将 $\phi30H7(^{+0.021}_{\ 0})$、$\phi30f7(^{-0.020}_{-0.041})$ 标注在下列相应的零件图上，并填空

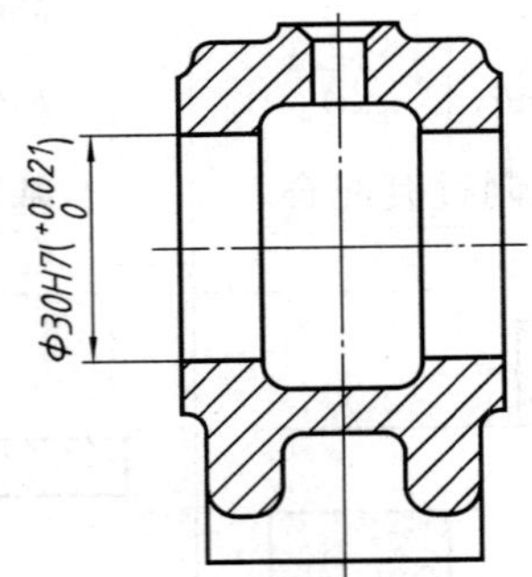

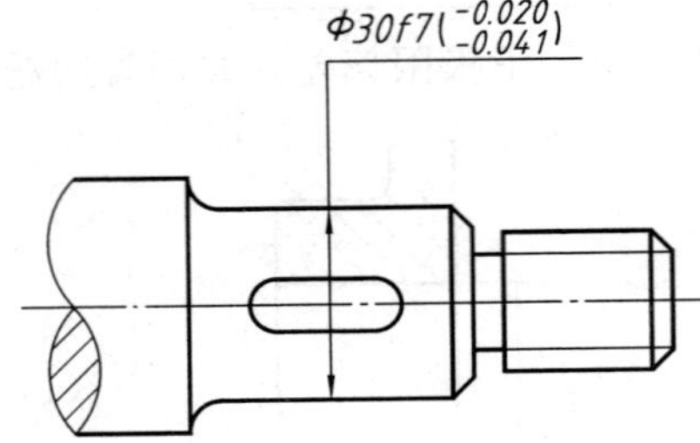

该轴、孔是基孔制间隙配合。

5. 根据零件图的标注，在装配图上注出配合代号，并回答问题

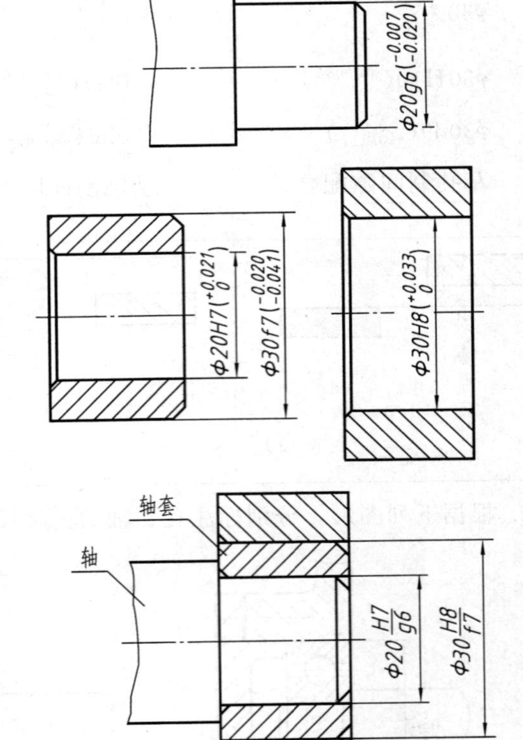

轴与轴套孔是基孔制间隙配合，

轴套与泵体孔是基孔制间隙配合。

（习题册第 114 页）

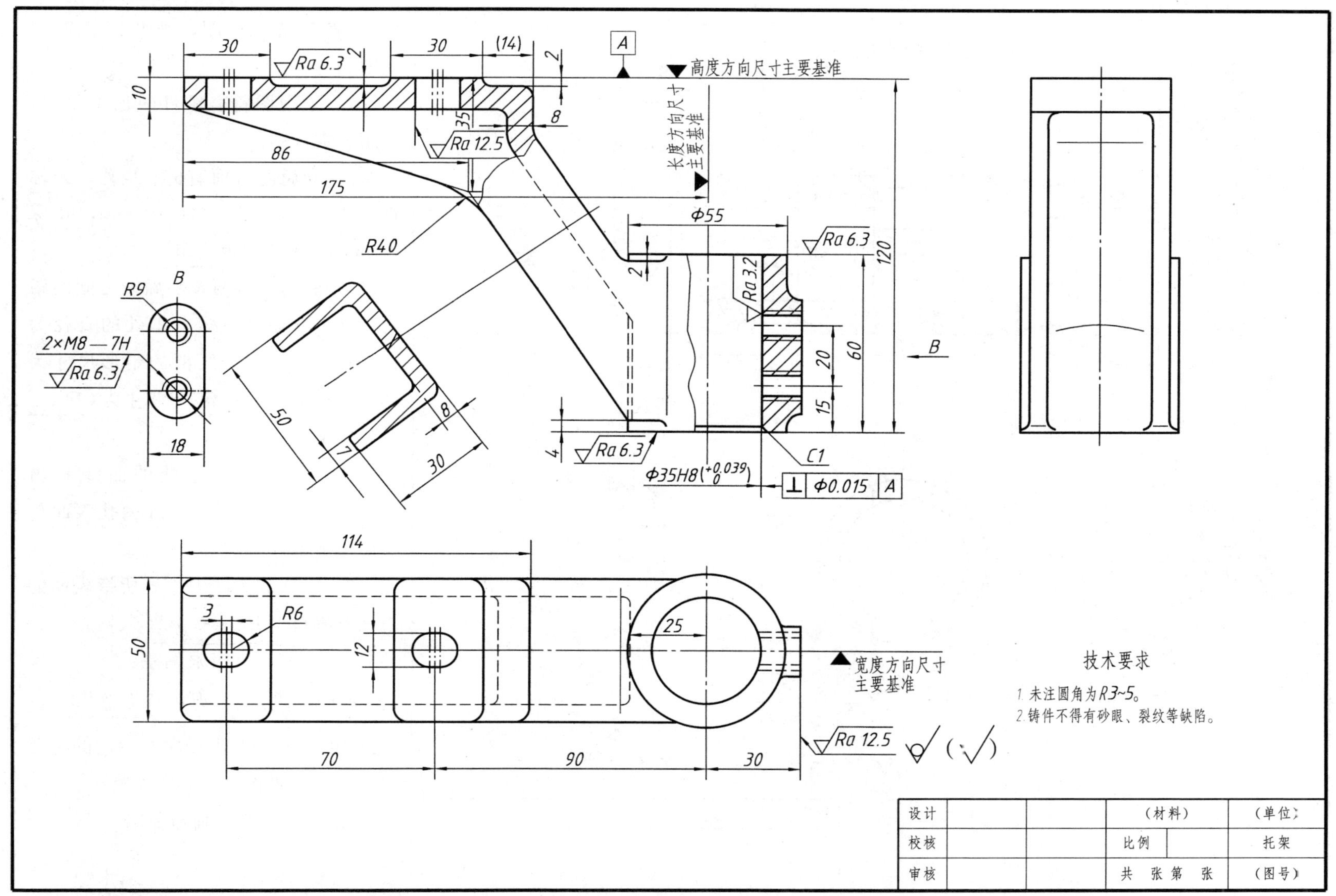

设计			(材料)		(单位)
校核			比例		托架
审核			共 张 第 张		(图号)

(习题册第 124 页)

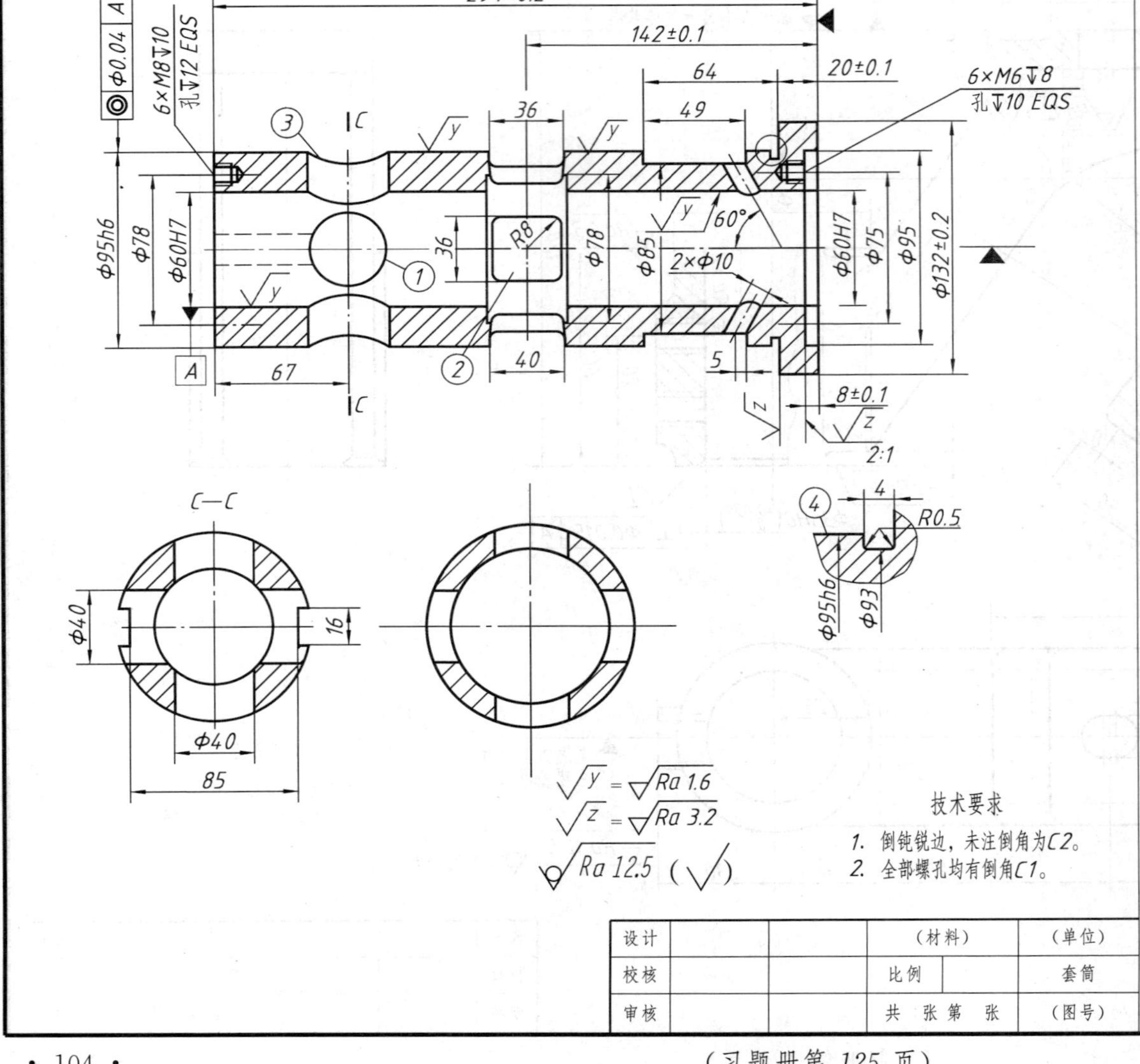

设计			（材料）		（单位）
校核			比例		套筒
审核			共　张第　张		（图号）

1. 读套筒零件图，填空回答下列问题

（1）主视图符合零件的加工位置，采用全剖视图。

（2）套筒左端面有6个螺孔，公称直径为 8 mm，螺纹深 10 mm，孔深 12 mm，EQS 表示均布。

（3）套筒左端两条细虚线之间的距离为16 mm，图中标有①处的直径为 40 mm，标有②处线框的定形尺寸为 36 mm×36 mm，定位尺寸为(142±0.1) mm。

（4）图中标有③处的曲线是由 ϕ95h6 圆柱表面和ϕ40 mm 内孔表面相交而形成的相贯线。

（5）局部放大图中④处所指表面的表面粗糙度为 *Ra* 1.6 μm。

（6）查表确定极限偏差：

ϕ95h6 ($^{0}_{-0.022}$)、ϕ60H7 ($^{+0.03}_{0}$)。

2. 用符号▼指出径向与轴向的主要尺寸基准（见图）

3. 在指定位置补画断面图

（习题册第 125 页）

*8－16 读底座零件图，补画左视的外形图

读底座零件图：(1) 在指定位置画出左视的外形图；(2) 用符号 ▼标出长、宽、高三个方向的主要尺寸基准；(3) 该零件表面粗糙度有 3 种要求，它们分别是 Ra6.3 μm、Ra12.5 μm 和 ✓。

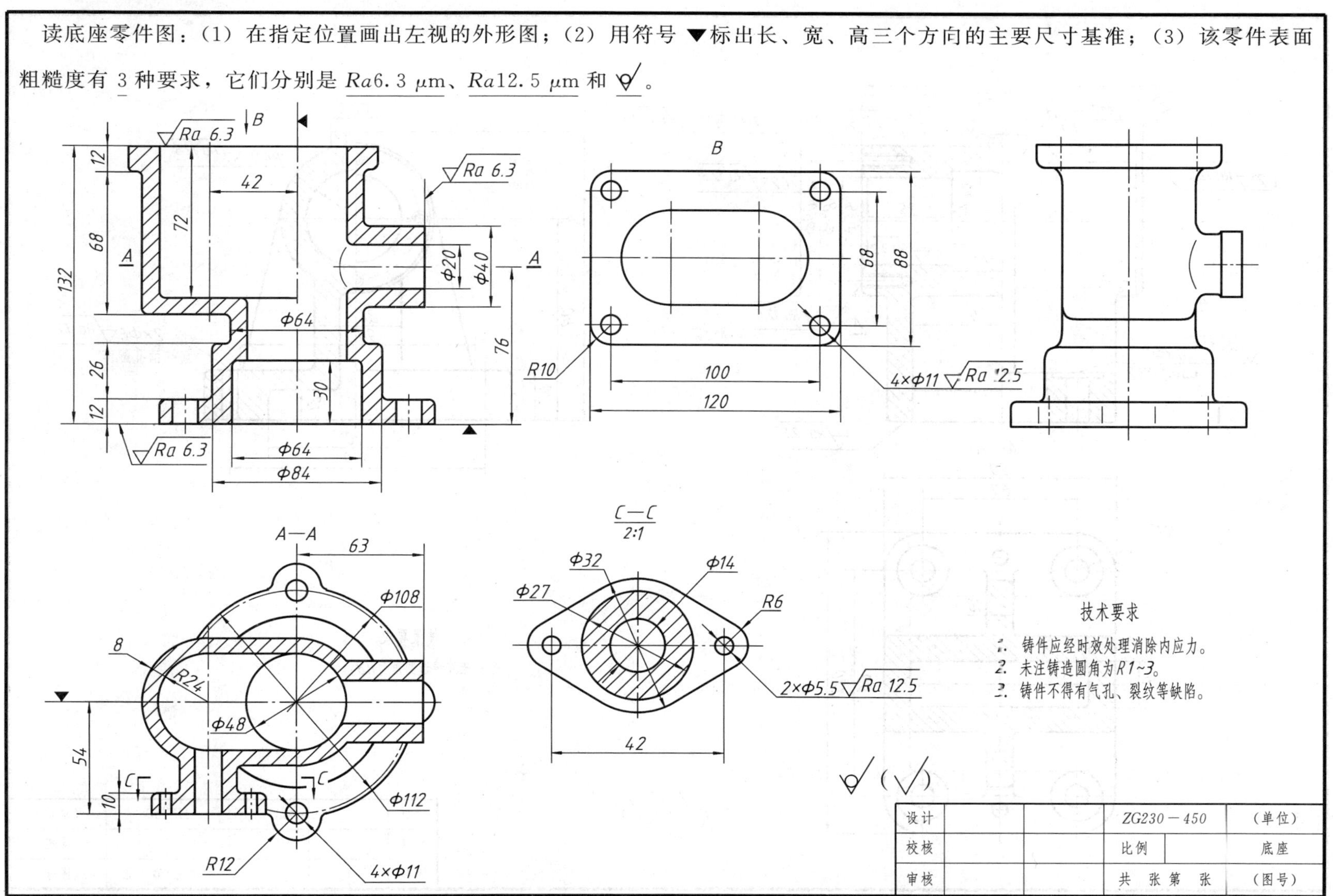

(习题册第 126 页)

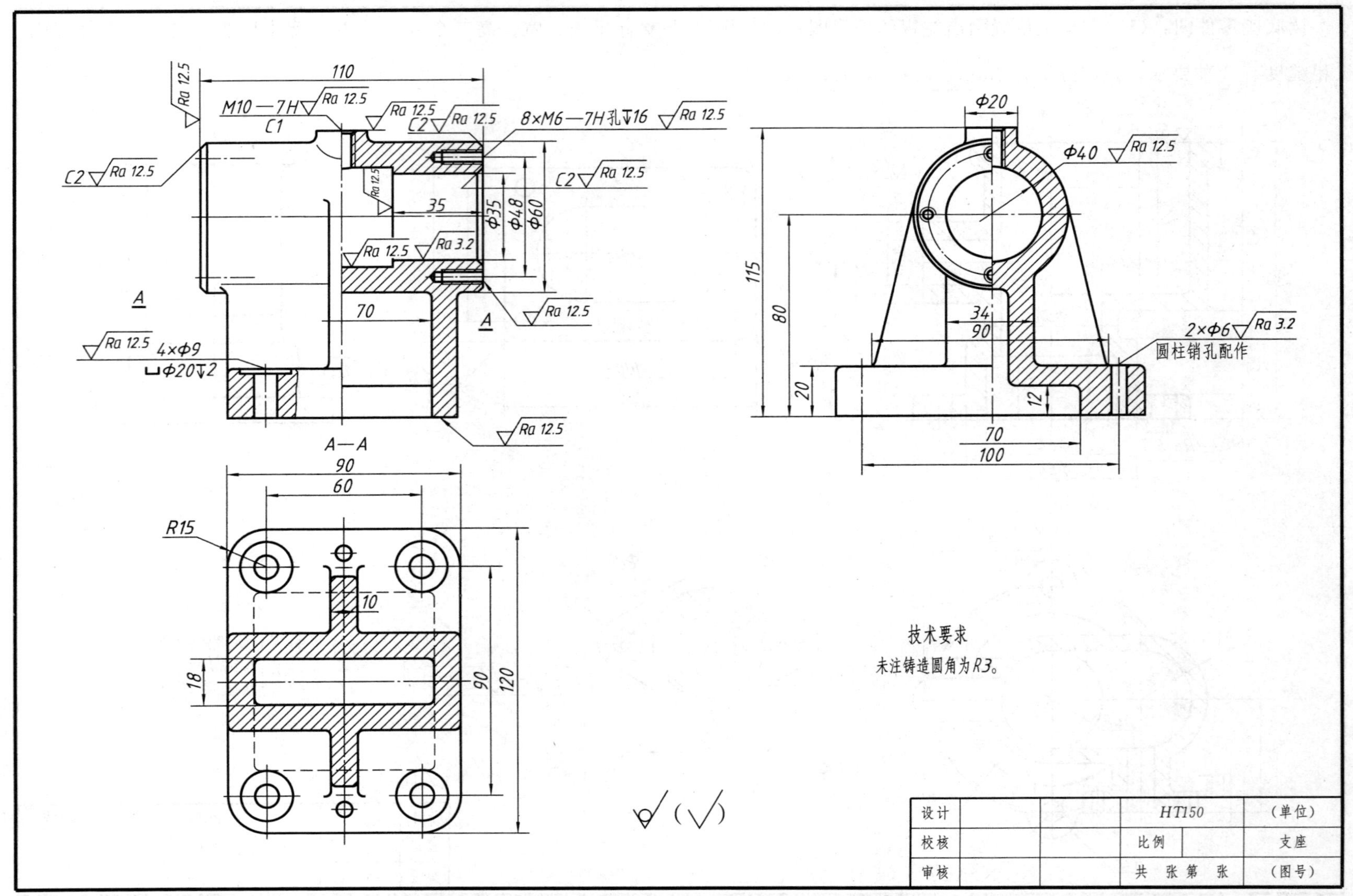

设计			HT150		(单位)
校核			比例		支座
审核			共 张 第 张		(图号)

(习题册第 127 页)

8－17（续）

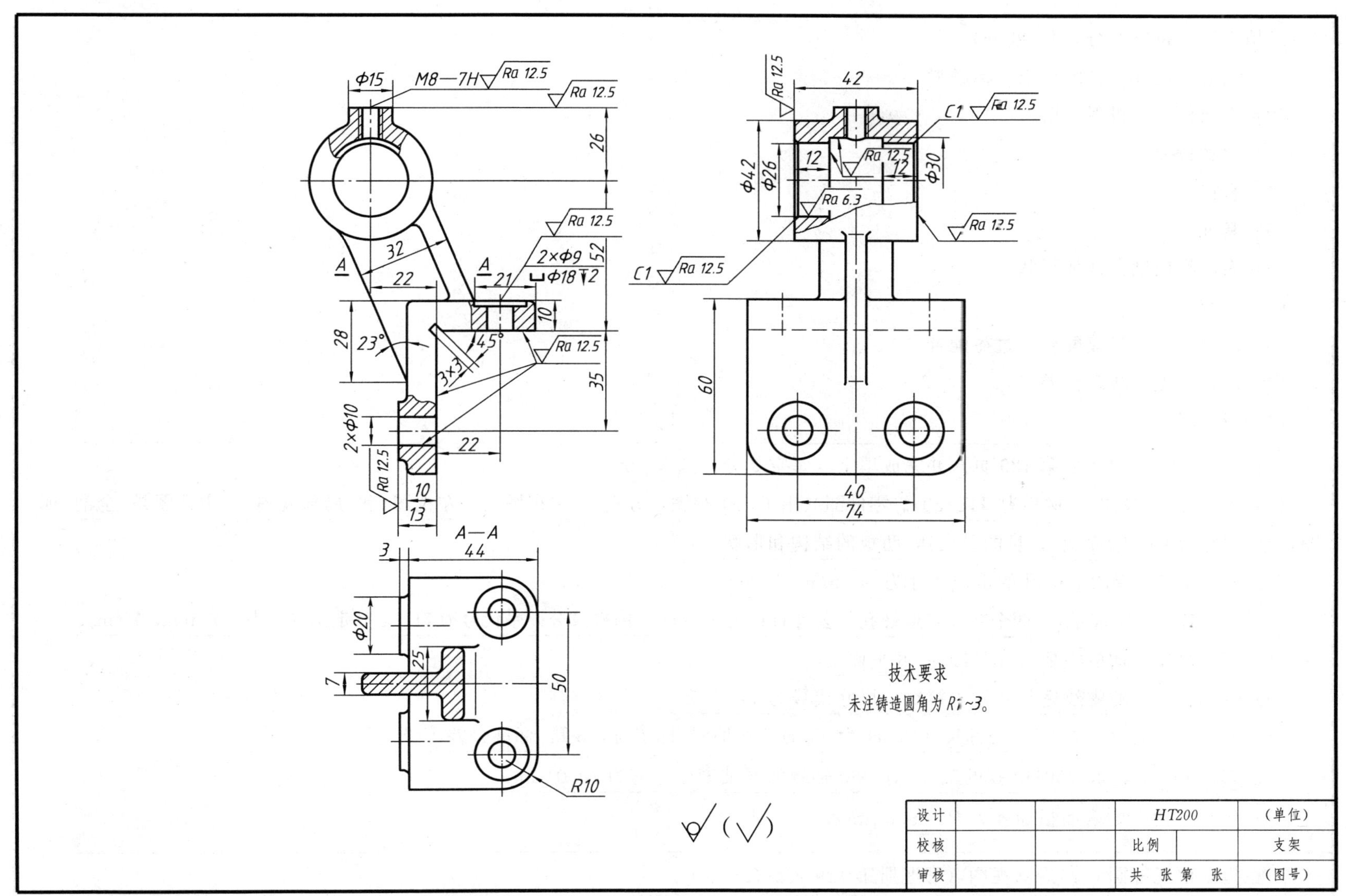

（习题册第127页）

1. 填空题（每空 2 分，共 36 分）

（1）图形，尺寸，技术要求，标题栏

（2）安放位置，投射方向

（3）形状特征

（4）直接

（5）基准

（6）表面粗糙度，几何形状

（7）一致

（8）间隙配合，过渡配合，过盈配合

（9）位置公差，跳动公差

（10）尺寸线

2. 识读零件图（习题册第 129 页）并完成填空（每空 2 分，共 38 分）

（1）该零件是 泵体 ，材料为 HT150 。零件图共用了三个视图，分别是 主视图 、 左视图 和 局部视图 。主视图是 全剖 视图，且一处采用了 断面图 ，目的是表达 肋板的结构和形状 。

（2）底板上 2 个 ϕ12 mm 孔的定位尺寸为 90 mm、55 mm 。

（3）2×M10—7H 表示： 两个粗牙普通螺孔，公称直径为 10 mm，内螺纹公差带代号为 7H ，其定位尺寸为 100 mm、75 mm 。

（4）零件高度方向的主要尺寸基准为 底平面 。

（5）G1 表示： 非螺纹密封圆柱管螺纹，尺寸代号为 1，右旋 。

（6）ϕ50H8 的含义：ϕ50 为 公称尺寸 ，H 为 孔的基本偏差 标示符，8 是 标准公差等级 。

（7）| ◎ | ϕ0.01 | A |表示 ϕ50H8 孔的轴线 对 ϕ60 轴线的同轴度公差值为 ϕ0.01 mm 。

（8）ϕ50H8 内孔的表面粗糙度为 Ra 6.3 μm 。

3. 在指定位置补画 C 向局部视图（习题册第 129 页）（26 分）

（习题册第 128 页）

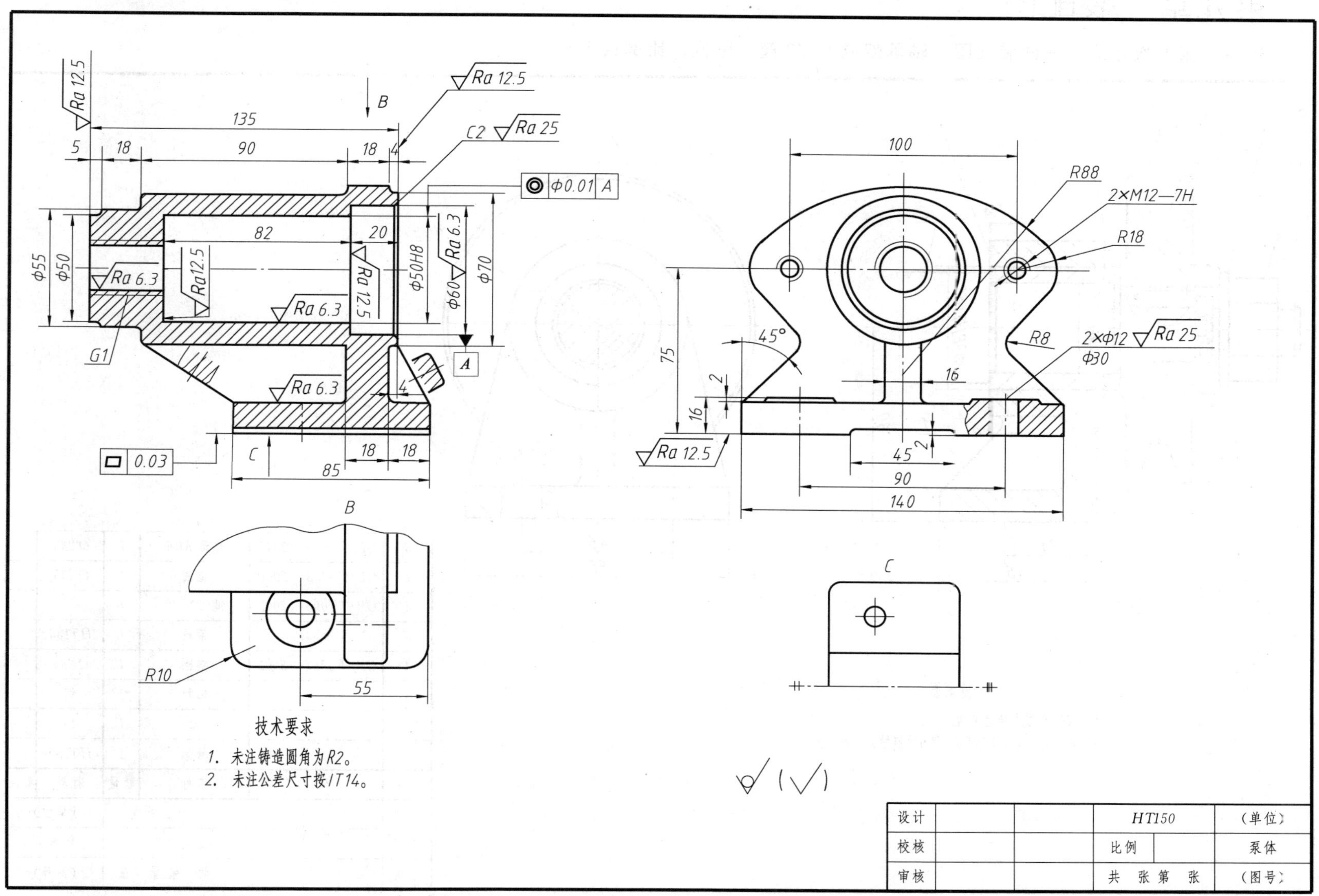
Ra 12.5
135
5
18
90
18
4
B
Ra 12.5
C2
Ra 25
Φ0.01 A
Φ55
Φ50
82
20
Ra 6.3
Ra12.5
Ra 6.3
Ra 12.5
Φ50H8
Ra 6.3
Φ60
Φ70
A
G1
Ra 6.3
4
0.03
C
18
18
85
B
R10
55
技术要求
1. 未注铸造圆角为R2。
2. 未注公差尺寸按IT14。
100
R88
2×M12—7H
R18
45°
75
2
16
R8
2×Φ12
Ra 25
Φ30
16
Ra 12.5
45
2
90
140
C
(√)
设计
校核
审核
HT150
比例
共 张 第 张
(单位)
泵体
(图号)

第九章　装配图

9－1　第七次作业——画装配图（轴承架或 G1/2 阀，图幅、比例自定）

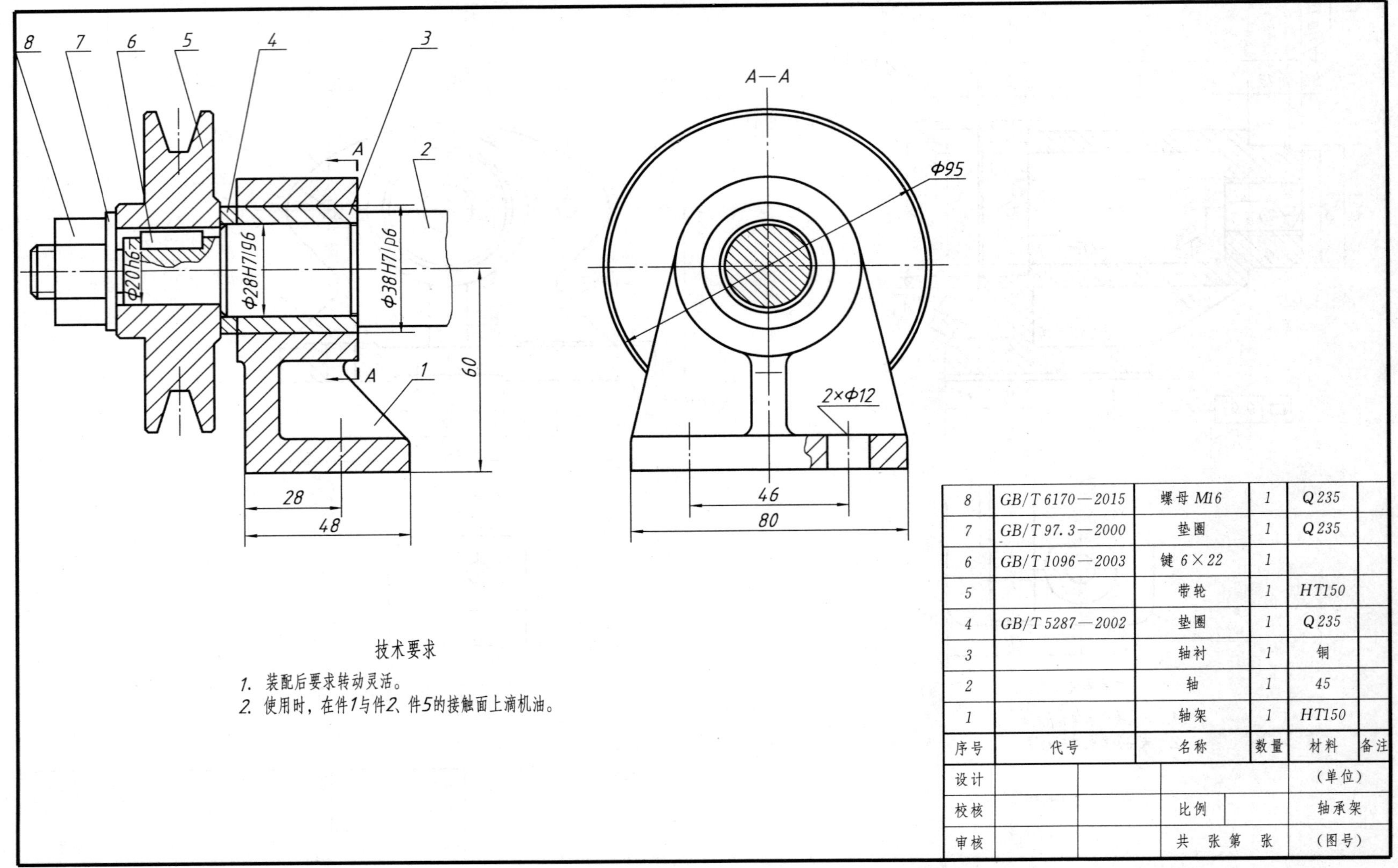

8	GB/T 6170—2015	螺母 M16	1	Q235	
7	GB/T 97.3—2000	垫圈	1	Q235	
6	GB/T 1096—2003	键 6×22	1		
5		带轮	1	HT150	
4	GB/T 5287—2002	垫圈	1	Q235	
3		轴衬	1	铜	
2		轴	1	45	
1		轴架	1	HT150	
序号	代号	名称	数量	材料	备注

设计					（单位）
校核			比例		轴承架
审核			共　张第　张		（图号）

技术要求

1. 装配后要求转动灵活。
2. 使用时，在件1与件2、件5的接触面上滴机油。

（习题册第 130 页）

1
2
3
4
5
G1/2
50
129
42
102
45
技术要求
装配后阀芯应转动灵活。
5 压盖 1 Q235
4 GB/T 5783—2016 螺栓 M10×26 1 Q235
3 填料 1 石棉
2 阀芯 1 45
1 阀体 1 45
序号 代号 名称 数量 材料 备注
设计
校核
审核
比例
共 张 第 张
（单位）
G1/2 阀
（图号）

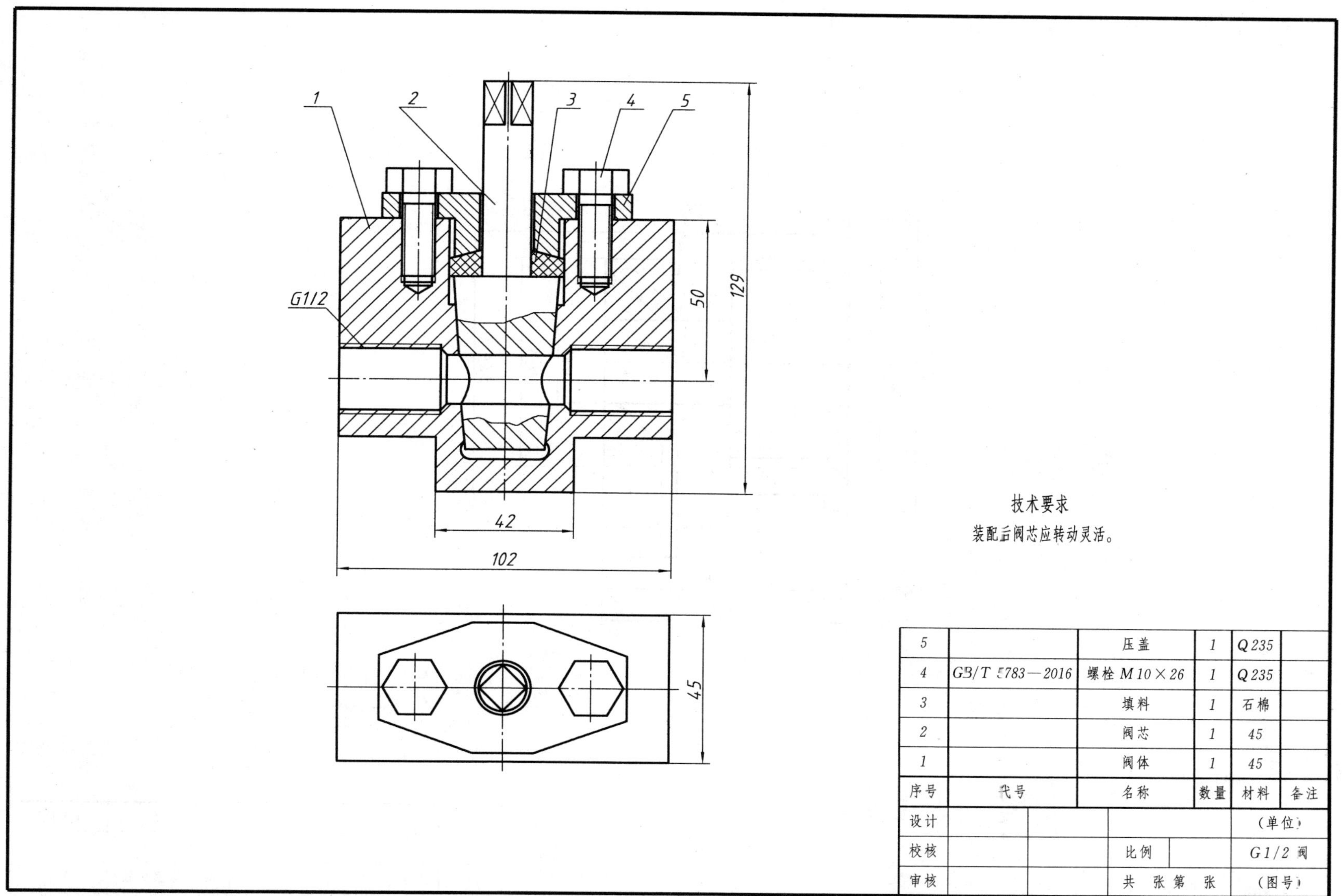

（习题册第131页）

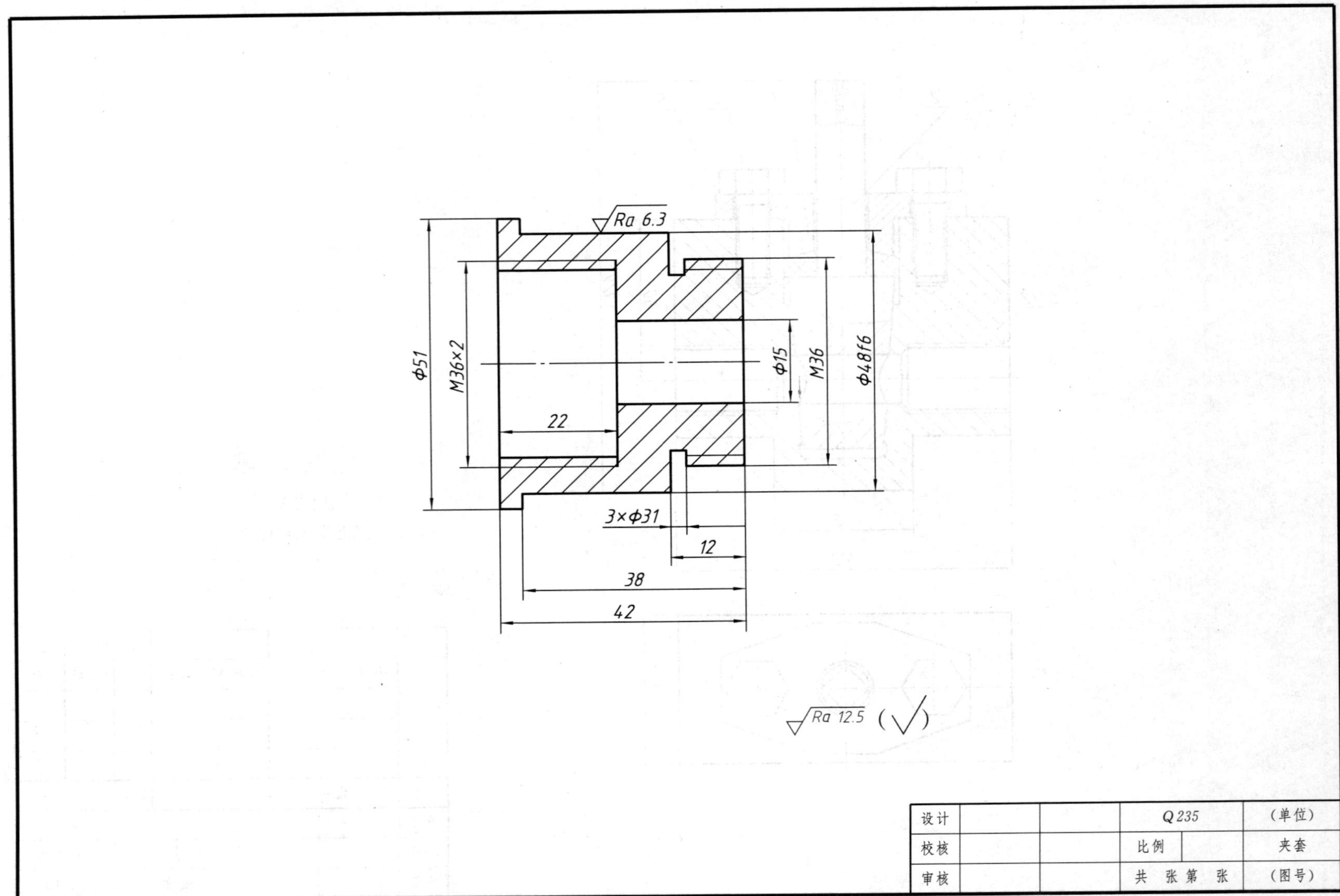

设计			Q235		（单位）
校核			比例		夹套
审核			共　张第　张		（图号）

（习题册第 132 页）

9－4　读装配图（二）：齿轮泵

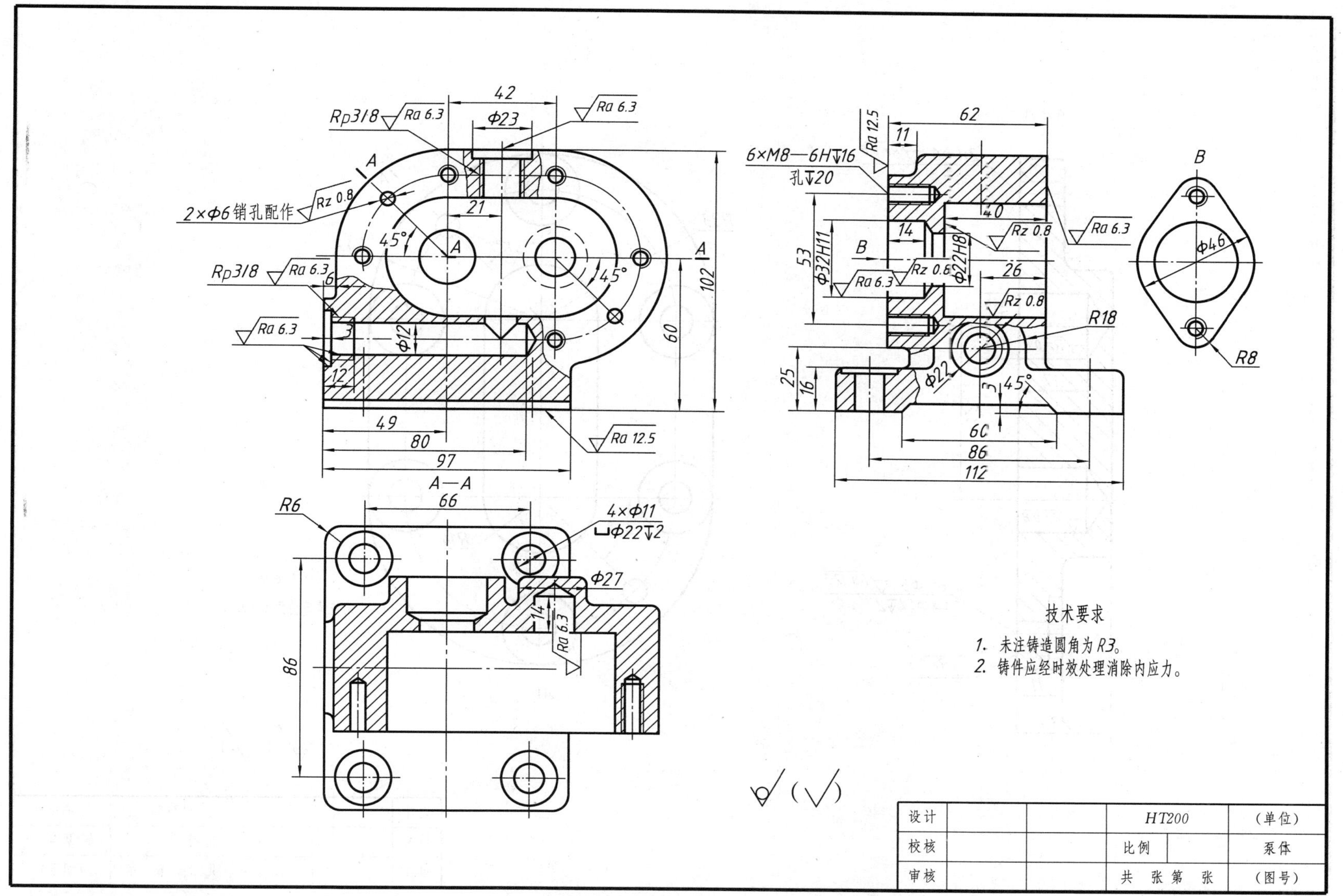

（习题册第 134 页）

9－4（续）

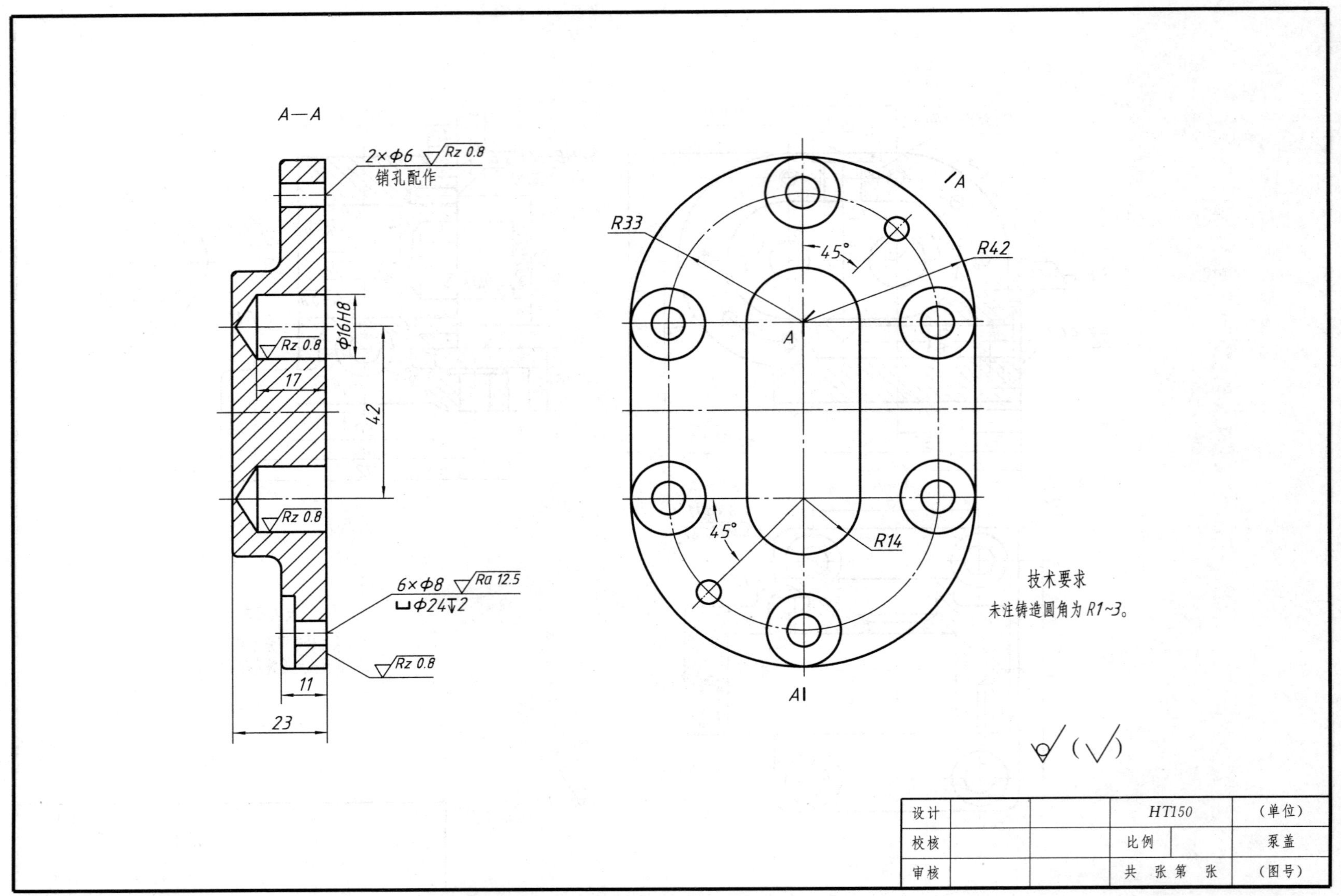

（习题册第 134 页）

1. 识读装配图并回答问题（每空 2 分，34 分）

（1）一组视图，必要的尺寸，技术要求，标题栏、零件序号及明细栏

（2）4，全剖，局部

（3）7，4

（4）4，M30×1.5—6H/6g，M16×1—7H/6f，ϕ10H7/h6，M30×1.5—6H/6g

（5）闭合，开启，闭合

2. 拆画管接头 6 零件图（与第 136 页中图形的比例和尺寸相同，66 分）

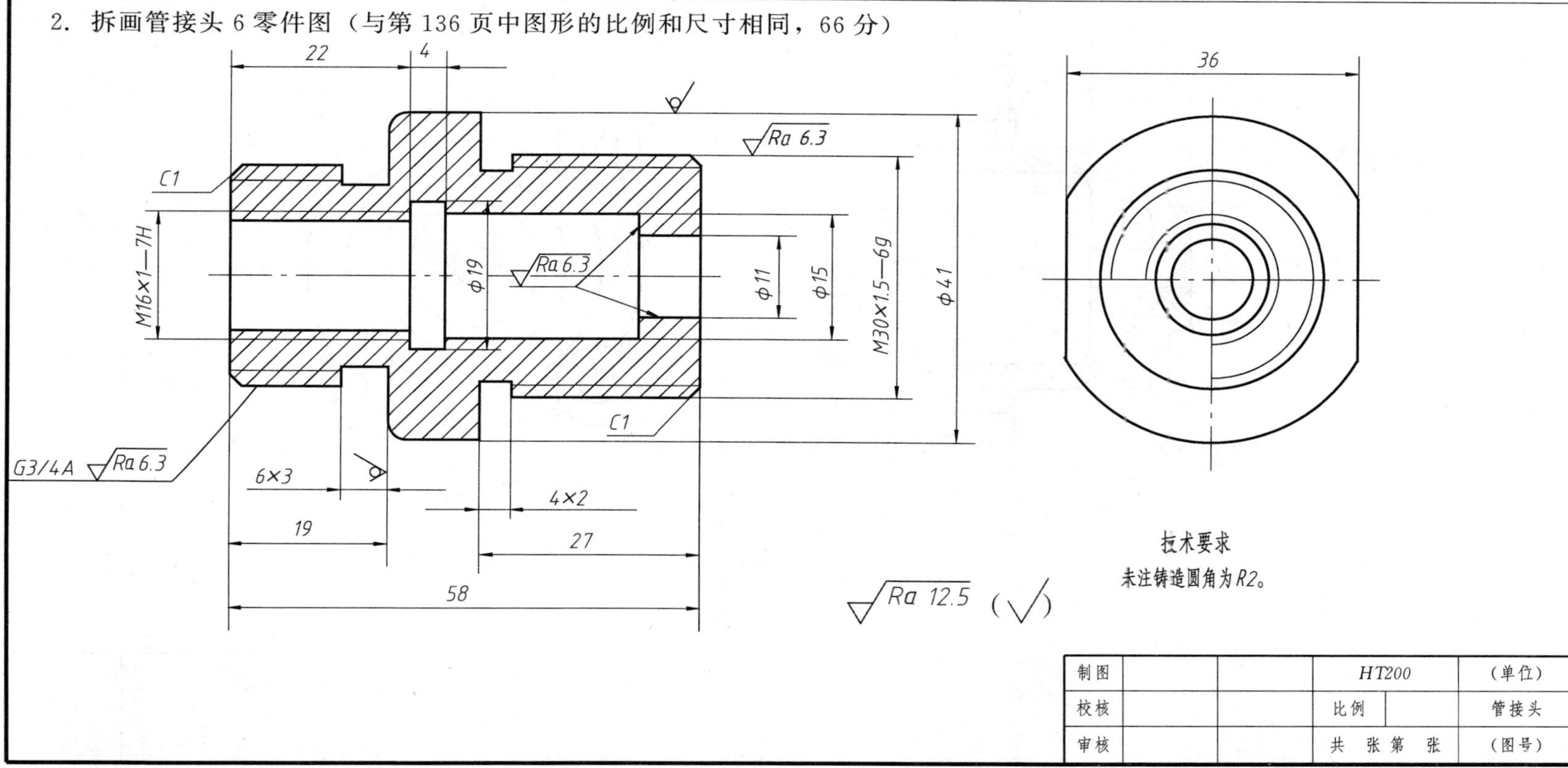

10－1　第九次作业——测绘安全阀

3. 绘制阀盖零件图

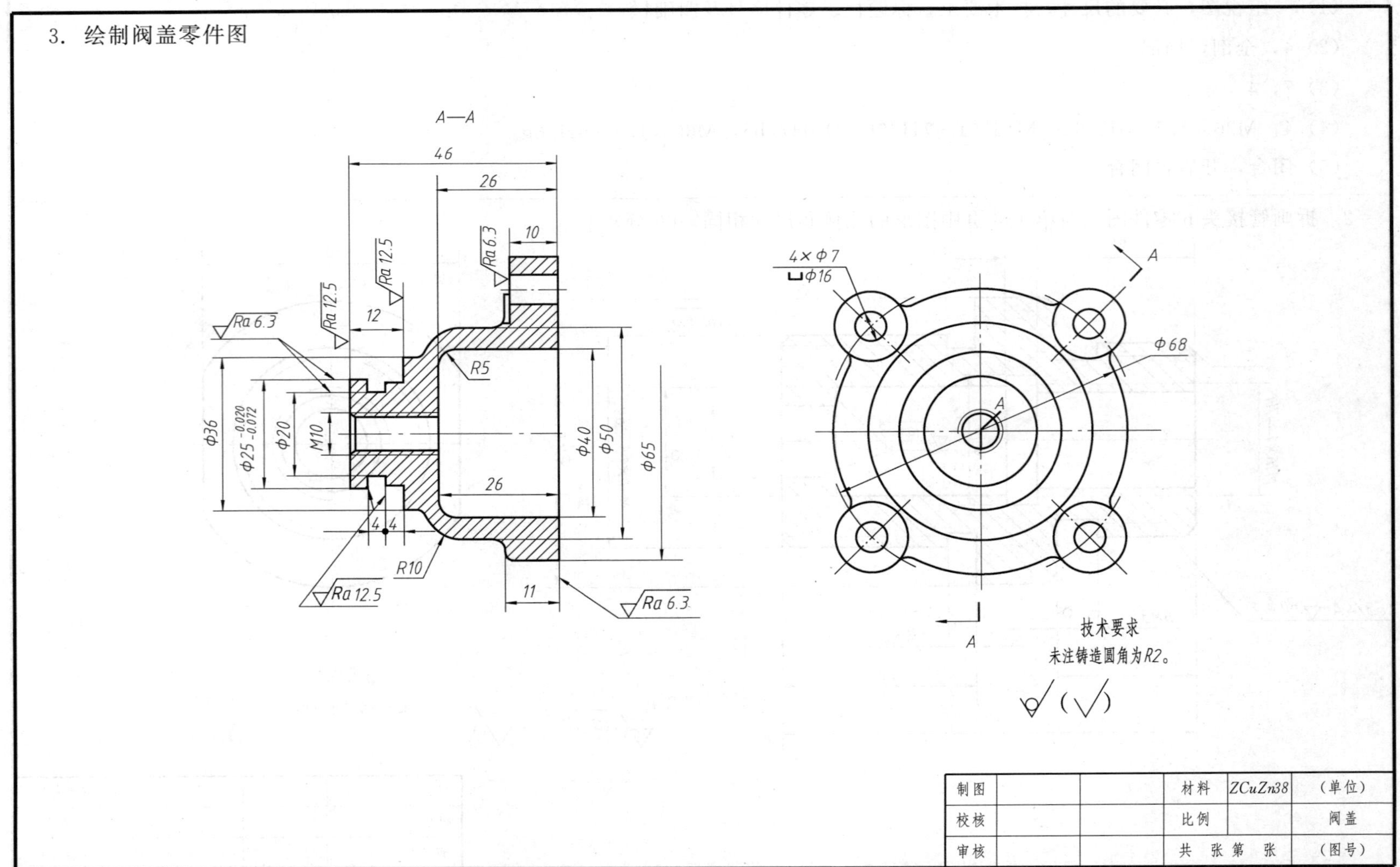

（习题册第 137 页）

4. 绘制安全阀装配图

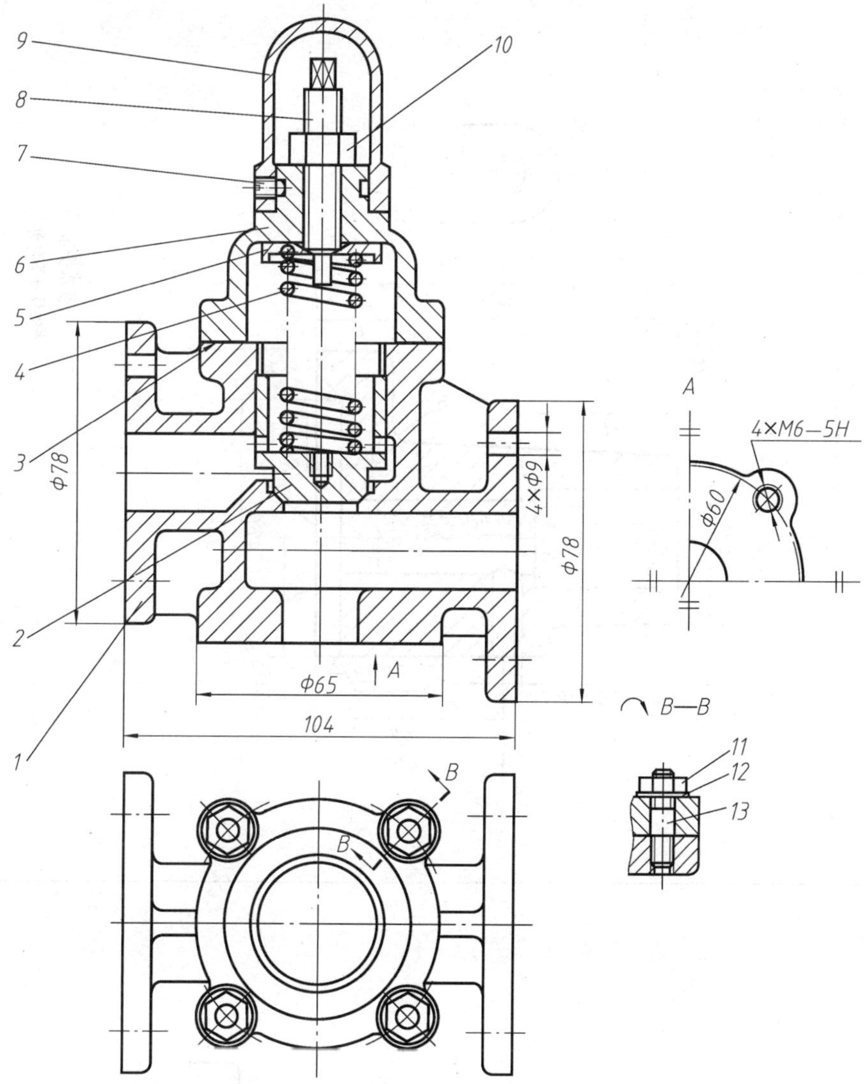

技术要求

装配后要保证阀门与阀体、阀盖与阀体之间密封。

序号	代号	名称	数量	材料	备注
13	GB/T 898—1988	双头螺柱 M6×25	4	Q235	
12	GB/T 97.2—2002	垫圈 6	4	Q235	
11	GB/T 6170—2015	螺母 M6	4	Q235	
10	GB/T 6170—2015	螺母 M10	4	Q235	
9		阀帽	1	ZCuZn38	
8		螺杆	1	35	
7	GB/T 75—1985	螺钉	1	Q235	
6		阀盖	1	ZCuZn38	
5		托盘	1	ZCuZn38	
4		弹簧	1	65Mn	
3		垫片	1		
2		阀门	1	ZCuZn38	
1		阀体	1	ZCuZn38	

设计			(单位)
校核		比例	安全阀
审核		共 张 第 张	(图号)

1. 绘制装配示意图（20分）
螺母
顶尖
螺钉
GB/T 25 M8×20
底座
(HT150)
2. 绘制底座零件图（30分）
Φ35
Φ20
Ra 6.3
M8—6H
32
80
A
R10
42
Φ40
Φ16H8
R5
R5
10
16
25
Φ60
Φ80
技术要求
未注铸造圆角为R2。
制图
校核
审核
材料
HT150
比例
共 张 第 张
(单位)
底座
(图号)

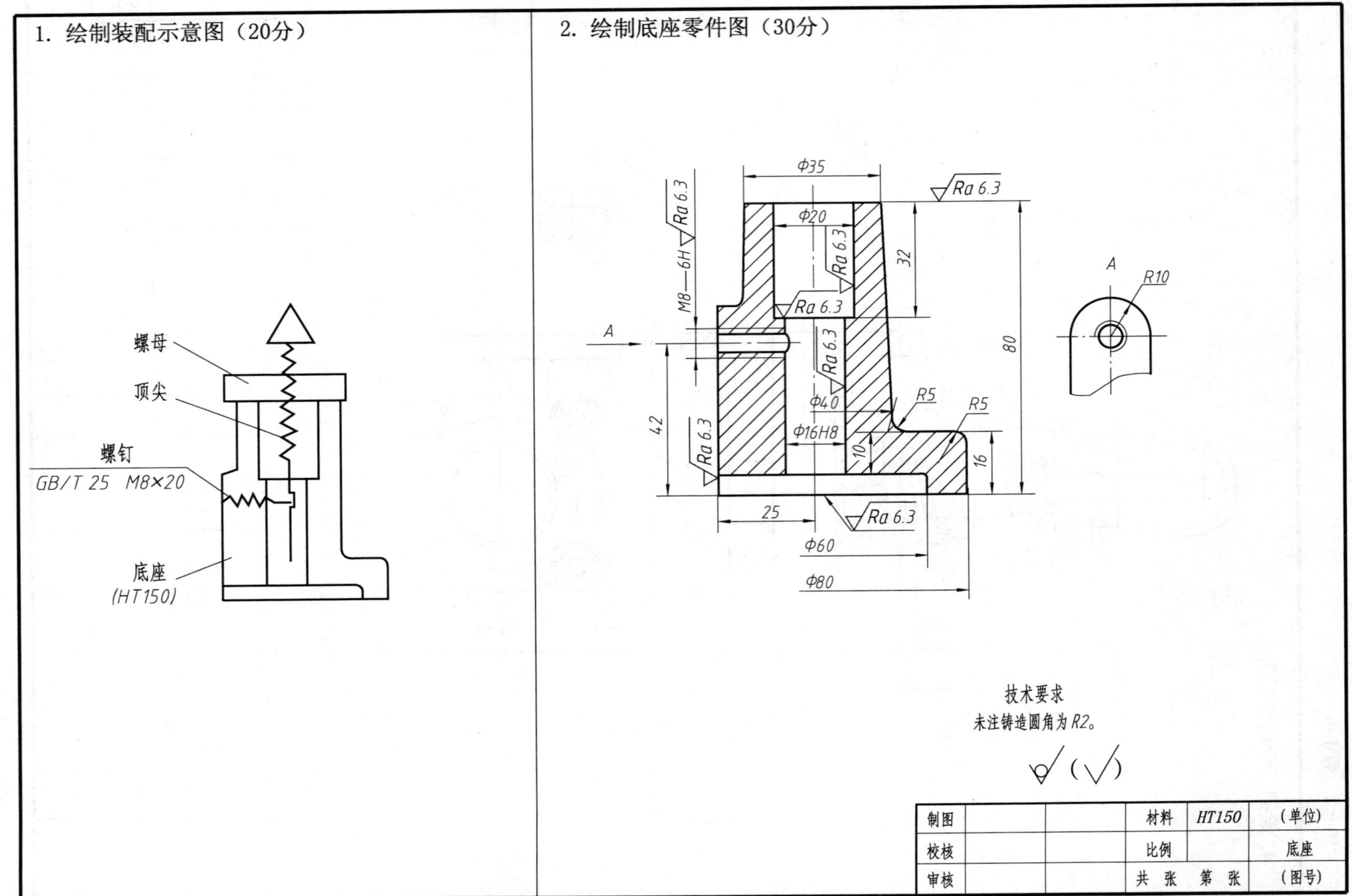

（习题册第 140 页）

3. 画千斤顶装配图（50分）

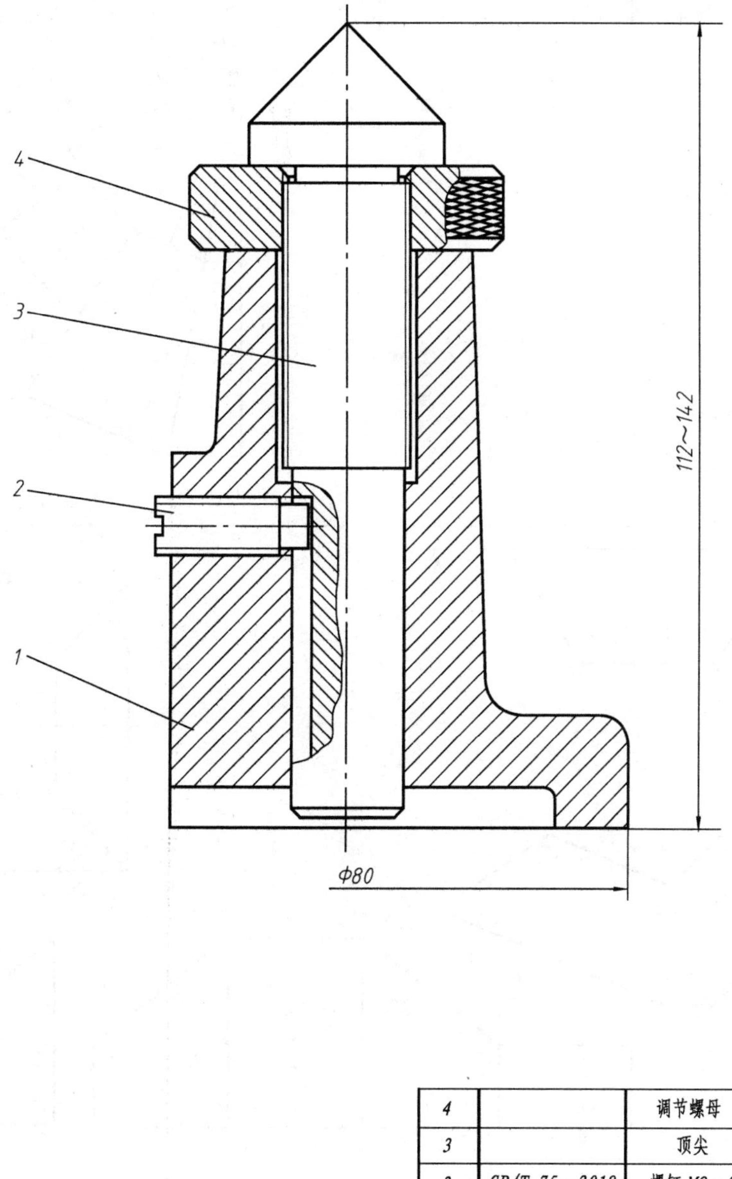

112～142

4

3

2

1

Φ80

4		调节螺母	1	35	
3		顶尖	1	45	
2	GB/T 75—2018	螺钉 M8×20	1	Q235	
1		底座	1	HT150	
序号	代号	名称	数量	材料	备注

设计				(单位)
校核			比例	千斤顶
审核			共 张 第 张	(图号)

（习题册第 140 页）

*第十一章　金属结构图、焊接图和展开图

11-3　展开图（一）

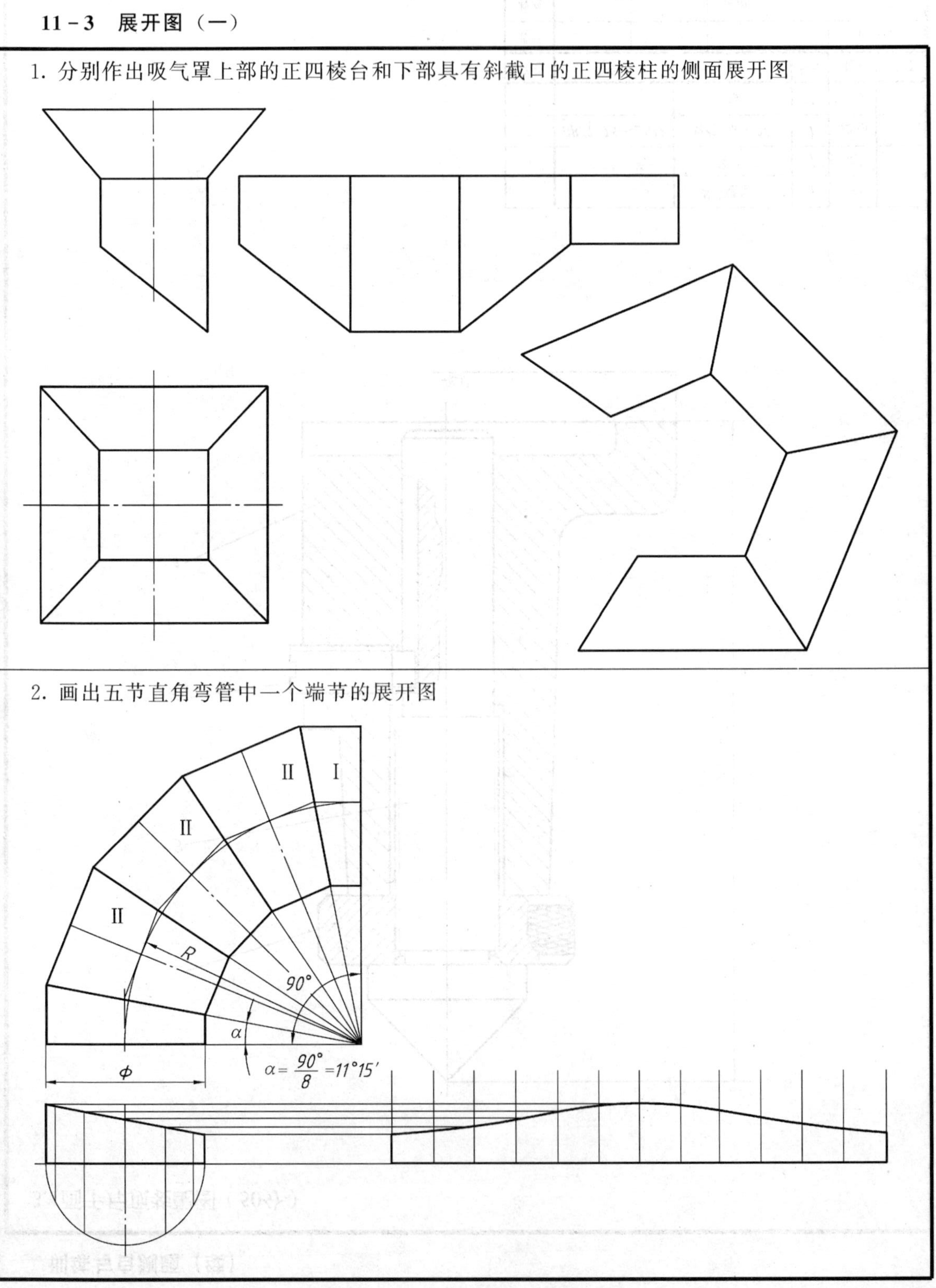

（习题册第 143 页）

1. 画出矩形口与圆口过渡接管的展开图

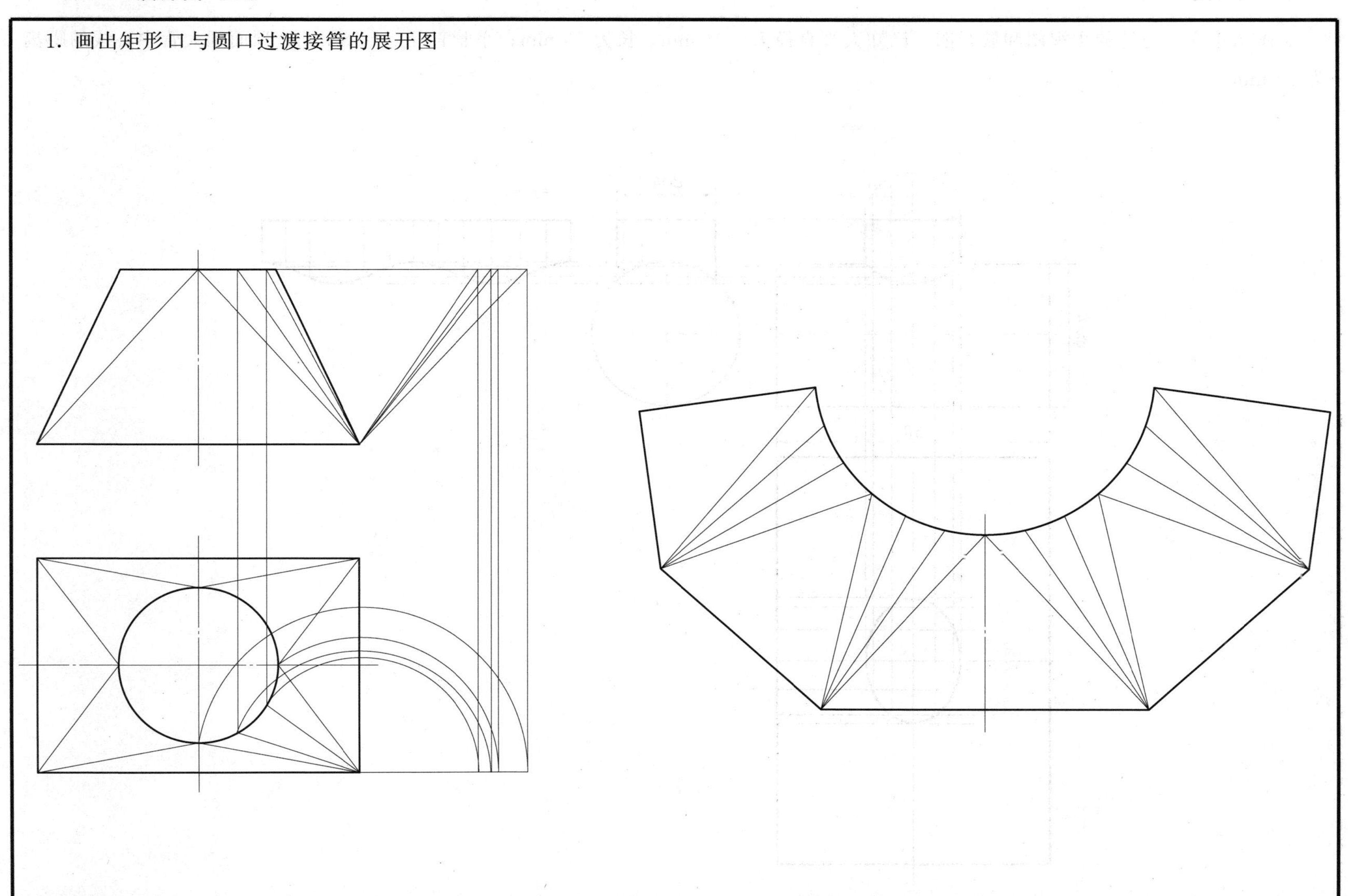

（习题册第 144 页）

2. 画出正交三通管的主视图和展开图。已知大管直径 $D=24$ mm，长为 50 mm；小管直径 $d=18$ mm；顶面到大管中心线的距离为 20 mm

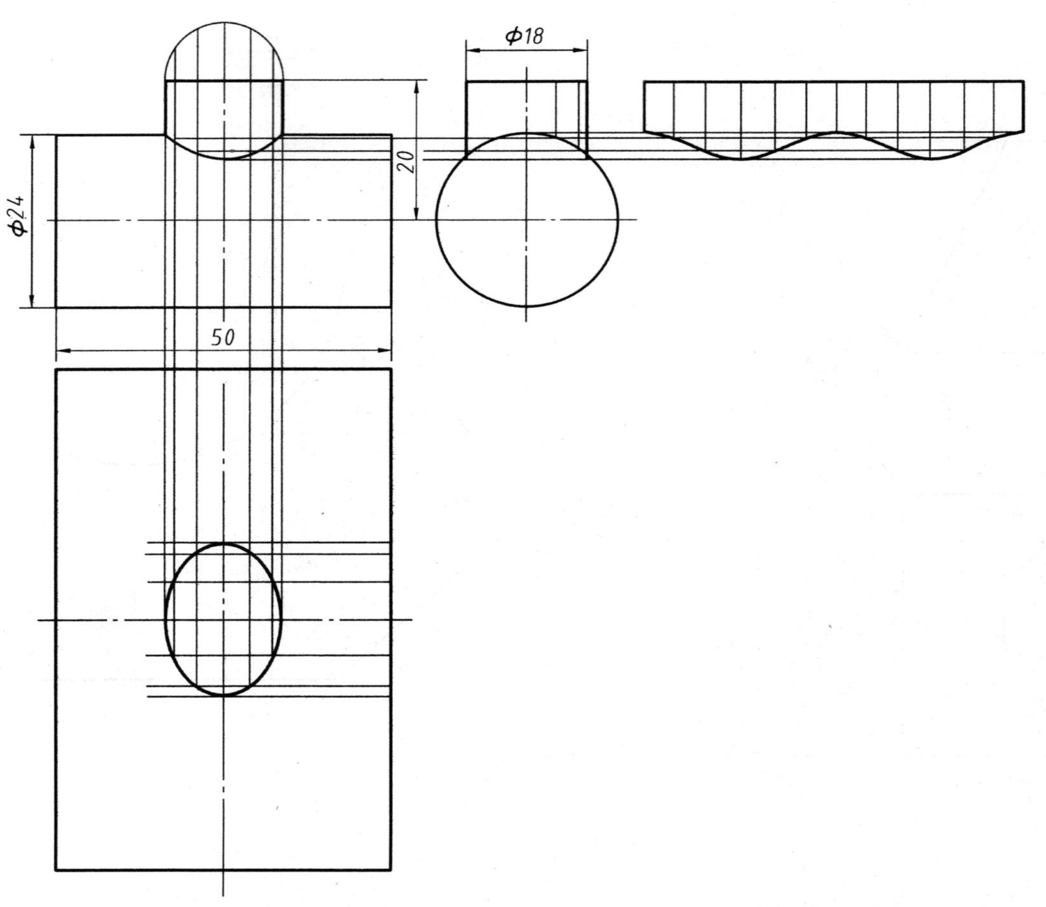

（习题册第 144 页）